物理

每天30秒
探索物理学的50个基本概念

主编

[英] 布莱恩 · 克莱格
（Brian Clegg）

参编

[英] 菲利普 · 波尔（Philip Ball）
[英] 利昂 · 克利福德（Leon Clifford）
[英] 弗兰克 · 克劳斯（Frank Close）
[英] 罗德里 · 埃文斯（Rhodri Evans）
[英] 安德鲁 · 梅（Andrew May）

译者

刘晓安　刘桂林

机械工业出版社
CHINA MACHINE PRESS

Brian Clegg，30–Second Physics
ISBN: 978–1–78240–312–8

北京市版权局著作权合同登记 图字：01–2017–8445号

图书在版编目（CIP）数据

物理 /（英）布莱恩·克莱格（Brian Clegg）主编；刘晓安，刘桂林译. — 北京：机械工业出版社，2022.11
（30秒探索）
书名原文：30–Second Physics
ISBN 978–7–111–72431–5

Ⅰ.①物… Ⅱ.①布… ②刘… ③刘… Ⅲ.①物理学 – 普及读物 Ⅳ.①04–49

中国国家版本馆CIP数据核字（2023）第008483号

机械工业出版社（北京市百万庄大街22号 邮政编码100037）
策划编辑：汤 攀 责任编辑：汤 攀 刘 晨
责任校对：龚思文 梁 静 封面设计：鞠 杨
责任印制：张 博
北京利丰雅高长城印刷有限公司印刷
2023年3月第1版第1次印刷
148mm × 195mm · 4.75印张 · 177千字
标准书号：ISBN 978–7–111–72431–5
定价：59.00元

电话服务
客服电话：010–88361066
010–88379833
010–68326294
封底无防伪标均为盗版

网络服务
机 工 官 网：www.cmpbook.com
机 工 官 博：weibo.com/cmp1952
金 书 网：www.golden–book.com
机工教育服务网：www.cmpedu.com

目　录

前言

物理学可以说是终极的科学。它描述万事万物的工作方式。欧内斯特·卢瑟福曾诙谐地说“所有的科学要么是物理学，要么仅是集邮而已”。这句话在当时说的是事实。在卢瑟福的年代，其他科学主要专注于收集和构建信息，并不探求对信息的解释。现在情况不再如此，但物理学仍然居于科学发现的核心位置。

物理学（Physics）一词来源于拉丁词汇（Physica），意思是自然科学总论（“科学”一词涵盖了所有知识），这反映了古希腊哲学家亚里士多德使用物理学一词的方式。但从18世纪起，物理学则被更严格地定义为非生命物质和能量的科学，并且毫无道理地不包含化学元素、化合物及其反应。因此，物理学的范围涵盖力、光、物质的本质、天文学乃至宇宙学。

当今的物理学包罗万象，小到极微之物，如亚原子颗粒的本质，大到支配宇宙形成的机制。虽然物理学旨在解释实体世界的活动，但它也引起了实实在在的进步。例如，直接使用量子力学的技术，其产出约占到发达国家GDP的35%，而人类对光的探索则带来了从X光到Wi-Fi等事物的出现。

上学的时候，人们很容易被物理学弄得毫无兴趣，因为一些基础的物理学，如力学和光学，都太无聊了。物理学有科学中最烧脑的一些内容。不论我们是与量子理论还是与相对论打交道，物理学都让黑洞、时空旅行和隐形传送等概念变得真切起来。

本书对物理学的探索从物质开始，原子是物质的核心。除了固体、液体和气体等我们熟悉的物质形式，我们还研究等离子体和反物质的神奇世界。但如果只有物质却缺少了光，不会让我们走得更远。光是本书第二部分的主题。我们倾向于认为光是帮助我们看见物体的东西，但光的作用不仅限于此。光是一种无须外界帮助的电磁相互作用，其完整的电磁波谱涵盖了无线电、微波、

红外线、可见光、紫外线、X光和伽马射线。人类看见的光只是光的电磁波谱中非常小的一部分。

光自然而然带来了颜色，光与物质发生相互作用，如反射和折射。现在我们常将光描述成量子粒子的集合或量子场的扰动，这就自然地让我们来到了本书的第三部分，即量子理论。通过对波粒二象性、不确定性原理和量子纠缠的研究，我们开始在量子的尺度上体验光和物质的奇异特性。

支配光和物质间大部分力学作用的电磁理论，是本书第四部分中的一部分。除了自然界中的四大基本力，我们还要研究轨道及如何更好地描述力的作用。一般来讲，力产生了运动，运动是第五部分的主题。在运动这一部分中，牛顿运动定律与爱因斯坦狭义相对论一路互相竞争，而狭义相对论把空间和时间在单一实体即时空中结合起来。

为了产生运动或其他任何事物，还需要能量。能量是本书第六部分的主题。能量是从生物到机器的所有事物的核心。蒸汽机作为机器的一个特定子集产生了本书最后一部分的主题，即热力学。热力学定律最初用于改进蒸汽技术，但实际还包含更多的知识，包括宇宙的潜在命运。

不管我们的兴趣在哪里，物理学都在那里，它帮助我们认识周围的世界。

有些人想知道物理学具有人性的证据，对这些人来说证据就是他们愚蠢地用各种不同的单位来度量能量。

理查德·费曼

RICHARD FEYNMAN

就数学法则对现实的反映而言，它们是不确定的；就确定的数学法则而言，它们并不反映现实。

阿尔伯特·爱因斯坦

ALBERT EINSTEIN

所有科学要么是物理学，要么仅是集邮而已。

欧内斯特·卢瑟福

ERNEST RUTHERFORD

如果我能记住所有粒子的名字，那么我就变成了植物学家。

恩里克·费米

ENRICO FERMI

必须指出的是，首先我们无权假定任何法则的存在，或者它们是否一直到现在都存在着。我们也无权假定它们在未来会以类似的方式存在。

马克斯·普朗克

MAX PLANCK

化学的未来取决于物理学，并且必须取决于物理学。

C.P.斯诺

C. P. SNOW

要了解氢元素就要了解物理学的所有。

维克多·魏斯科普夫

VICTOR WEISSKOPF

我在《光学》一书中的策略不是通过假设来解释光的特性，而是通过推理和实验证明这些特性。

艾萨克·牛顿

ISAAC NEWTON

先生，极有可能的是，很快您就能对电征税了！

（据说这是法拉第被格莱斯通问及电的实用价值时所做的回答）。

迈克尔·法拉第

MICHAEL FARADAY

物理学的任务是寻找自然之本的这种想法是错误的。物理学关心的是我们能如何描述自然。

尼尔斯·玻尔

NIELS BOHR

物质

物质

术语

非晶态固体 原子或分子不以重复晶体结构排列，而是以不那么有序的方式散列的固体。尽管大量其他材料（从塑料到某些种类的金属）都可以是非晶态固体，但最知名的是玻璃。

电磁场 电磁相互作用方式的一种模型。电磁场可被认为是一张等值线图。现代物理学中，电磁场被量子化了，即由完全不同的部分组成。电磁场中的变化可由被称为光子的粒子来代表。

电子 一种基本的亚原子量子颗粒，带负电荷。电子在原子外部占据着模糊"轨道"，因吸收或释放一个光子而从一条轨道跃迁到另一条轨道。

引力质量 使物质间相互吸引的物质特征。引力质量越大，则一个物体对另一个物体的吸引力就越大。引力质量与惯性质量大小相同。

惯性质量 使物质难以改变其运动状态的物质性质。物质的惯性质量越大，则使其开始运动或当其运动时使其减速的力越大。惯性质量与引力质量大小相同。

中微子 又译为微中子，一种不带电荷的基本量子粒子，其名字的意思是"小型中性粒子"，质量很轻，在核反应时产生。人们在20世纪30年代预测了中微子的存在，以解释核反应过程中的能量损失，但直到1956年它才被探测到，原因是其与物质的相互作用微乎其微。

中子 中性或不带电荷的量子粒子，最常出现在原子核中，由三种基本粒子构成：一种上夸克和两种下夸克。同种元素的原子，其原子核可具有不同数量的中子，这种不同的情况称为同位素。例如，最基本的元素氢，通常原子核中有一个质子，没有中子；但也有氘核的形式，即原子核中有一个质子和一个中子。

牛顿运动第二定律　牛顿运动第二定律最初这样表述：物体运动的变化与被施加的力成比例，方向为被施加的力的方向。该定律现在表述为$F=ma$，其中F是被施加的力，m是被施加该力的物体的质量，a是引起的加速度，也就是物体速度的变化率。

光子　无质量的光量子颗粒。光可被描述为波、粒子或电磁场中的扰动，这些都是帮助我们了解光的模型，但其实光就是光而已。当涉及光与物质的相互作用时，可将光描述成粒子。爱因斯坦在解释具有能量的光子将金属中的电子逐出并产生电流时，将光描述成粒子就非常重要了。光子是携带电磁力的颗粒，即当两个物体发生电或磁的相互作用时，在这两个物体间运动的光子便携带电磁力。

质子　带正电荷的量子粒子，最常处于原子核中，由三种基本的粒子组成，即两种上夸克和一种下夸克。原子中质子的数量决定了原子的种类，元素的“原子量”是其质子的数量。一个质子构成了氢这种最基本元素的原子核。

夸克　基本的量子粒子，带质子2/3的电量或电子1/3的电量。夸克有六“味”（种类），即上、下、粲、奇、顶、底。每三个夸克组合构成质子或中子，而一个夸克和一个反夸克组成介子。

原子

30秒理论

3秒钟速览

在我们熟悉的世界里，每种材料都是由原子构成的。原子是化学理论的基本单位。

3分钟思考

原子足够小，能展现出量子力学性能，如在合适的条件下表现出波的特性。近数十年中已多次观察到原子波的相互干扰，甚至观察到单原子的波干扰。甚至在每个含有100多个原子的分子中也观察到了波干扰的效应。要观察到波干扰现象，对粒子是否存在任何基本的大小限制，仍处于讨论之中。

所有普通的物质都是由原子组成的，这让解释物质性质得以大大简化，真是不可思议的方便。从水晶的形状到橡胶的延展性等大量现象，都可以用原子结合和聚集方式来解释。有机（碳基）物质涵盖的范围从药物到溶液再到脱氧核糖核酸（DNA），其令人眼花缭乱的不同特性，都是由少数几种原子所构成的形状不同、物理化学性质各异的分子组合所导致的。事实上，整个物质世界仅由约92种天然稳定的化学元素组成，其中又只有十来种是特别常见的。当然，这还不是全部。原子的命名是有些问题的，因为它们不是真的不可再分（原子名称的来源是希腊语a-tomos），但原子是化学理论的基础单元。每种元素都由数量相同的质子和沿轨道旋转的电子构成（中子的数量在不同同位素中不同），主要由电子的特性决定原子如何与其他原子发生化学反应。由于物质由粒子构成，从钻石的硬度到铅的毒性，万事万物都可以用相同的理论框架即原子的量子理论来解释。

相关主题

质量　6页
固体　8页
液体　10页

3秒钟人物

德谟克利特
前460—前370
古希腊哲学家，提出物质是由原子组成的

约翰·道尔顿
1766—1844
英国化学家，其理论形成了现代原子理论的基础

让·佩兰
1870—1942
法国物理学家，确认了原子存在的事实

本文作者

菲利普·波尔

从宇宙里的银河，到地球本身，再到最微小的物质，原子作为“建筑材料”构成物质。

质量

30秒理论

3秒钟速览

质量的度量单位为千克，它决定物体被加速的难度，以及其与其他物质（如地球）间引力的大小。

3分钟思考

爱因斯坦在狭义相对论中指出，质量和能量是通过可能为物理学中最著名的公式 $E=mc^2$（E是能量，c是光速）联系起来的。因此，我们可以认为质量是能量的聚集。在核电站和太阳中，质量被转换成能量，而当油燃烧时，能量则来自化学键的改变。

在巴黎郊外一座建筑的地下室里，有一块金属（90%的铂和10%的铱）被保存在恒温的保险箱中。这块金属定义了1千克的质量。但质量究竟是什么呢？根据牛顿运动第二定律，质量是决定物体被加速所需力之大小的性质。另外，质量决定了间距一定的两个物体间引力的大小。上述关于质量的定义中，第一个是“惯性质量”，第二个是“引力质量”。爱因斯坦等效性原理指出，这两种定义是一致的。但质量和重量是不同的概念。我们会说“我重76千克（或12英石）”，这指的是质量而不是重量。我们的重量在月球上会改变，但我们的质量不会改变。在太空中，由于没有重力，如果想让一个较重的物体加速，所需的力要比让一个较小的物体加速所需的力要大。我们所知仅有的质量为零的粒子是玻色子（如光子和胶子）。中微子的质量非常接近于零（但不为零），它是质量第二轻的粒子。

相关主题

伽利略　15页
光子　28页
力和加速度　66页

3秒钟人物

伽利略·伽利雷
1564—1642
意大利自然哲学家，对物体运动和加速度进行了实验

阿尔伯特·爱因斯坦
1879—1955
出生于德国的物理学家，其狭义相对论和广义相对论提供了对质量的新认识

本文作者

罗德里·埃文斯

尽管你在月球上和在地球上的质量是一样的，但重量是不一样的。

固体

30秒理论

3秒钟速览

固体通常质地稠密，能抵抗挤压或拉拔导致的变形。

3分钟思考

中子星上可能有最基本的固体。中子星的外壳应当是极其稠密、由原子（可能是铁原子）核组成的晶格，而原子晶格被大量电子包围。一些原子核在中子星内部地壳中仍然存在，富含质子和电子被碾碎后形成的中子。火柴盒大小的这种材料，其质量可高达50亿吨。在中子星的内核处，不存在原子核，因为原子核所含的物质，无论多么奇特，在这样的密度下，固体这一概念都没有明确的意义了。

固态通常是普通物质最紧实的状态，由紧密排列、通过化学键固定的原子组成。如果不用否定的方式，还真难归纳固体的特性。固体通常不流动（液体会流动），也不扩张（气体会扩张）而充满可及的空间。固体通常坚硬，能抵抗可能改变其形状的力，岩石、金属和陶瓷就是典型的固体。此外，固体可能会表现出一系列的特性。其原子可能有序堆叠、重复排列，使之成为晶状；或无序排列从而成为如玻璃的非晶态固体。一些固体软却有弹性，因为其分子之间仅仅有弱连接，发生位移时可存储能量，而其他固体则硬且易碎。有些固体因含运动电子而导电，而有些则因电子被牢牢地束缚在原子核周围而具有绝缘性能。一些凝胶即使几乎变成高分子链网络中的液体也能保持其形状。气凝胶可能99%都是空气，而真空中的二氧化硅气凝胶可能比周围空气的密度还要低。一些物质明显具有类似固体抵抗变形的能力，其流动非常缓慢，例如沥青。

相关主题

原子 4页
液体 10页
气体 12页

3秒钟人物

内维尔·弗朗西斯·莫特
1905—1996
英国物理学家，研究固体的电子特性

弗里德里克·查尔斯·弗兰克
1911—1998
英国物理学家，推动了晶体结构的理论

内尔·阿什克罗夫特
1938—2021
英国物理学家，致力于高压固体结构的研究

本文作者

菲利普·波尔

通常来说，固体的原子排列密实，处于封闭结构中，所以不会轻易变形或流动。

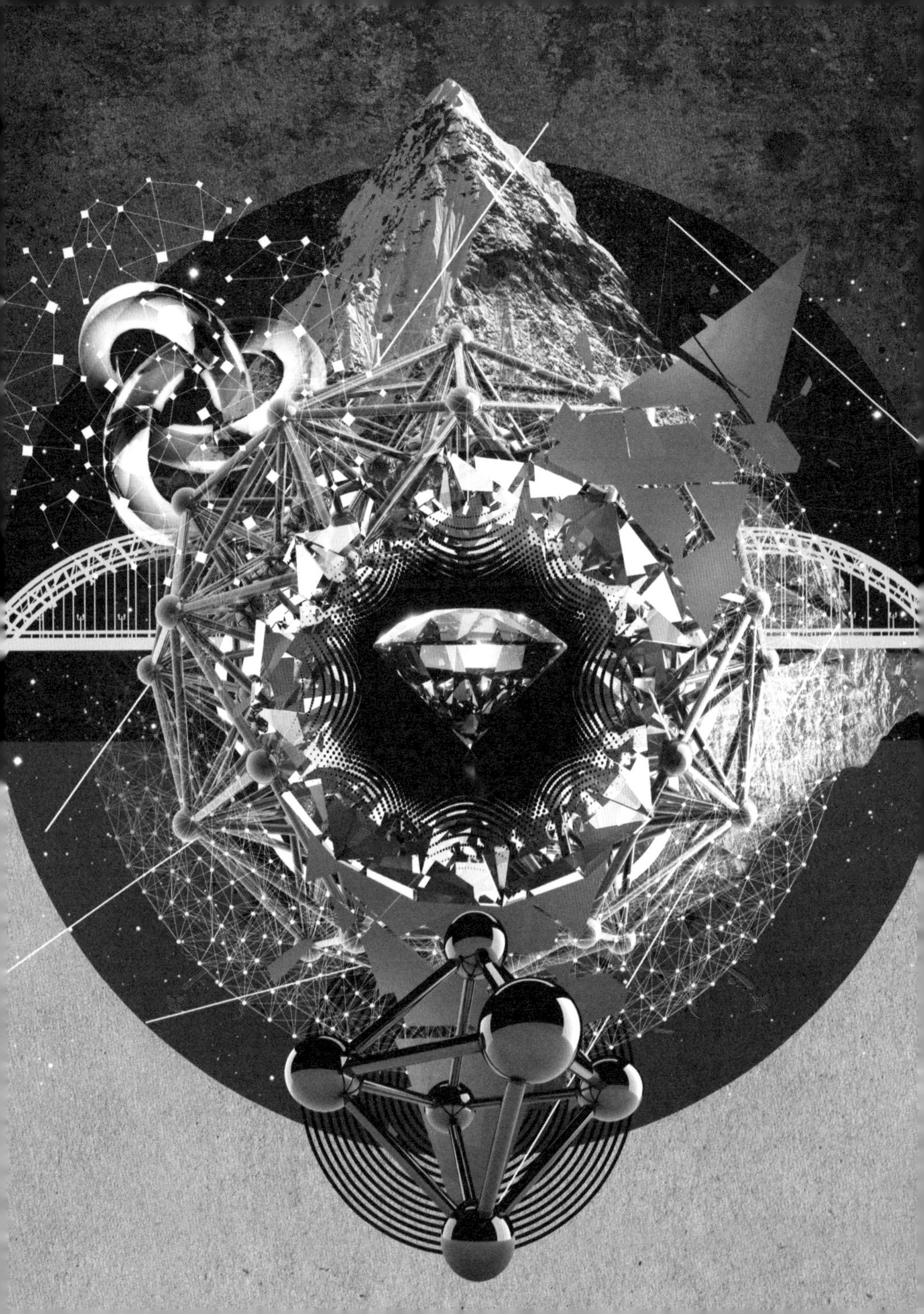

液体

30秒理论

3秒钟速览

液体是（原则上）处于完全有序的固体和完全无序的气体之间的复杂状态。

3分钟思考

接近绝对零度时仍保持液态的氦中，量子力学效应产生了奇特的效果。氦原子可全部进入相同的量子状态，也就是说它们表现得像单个巨大的集合颗粒一样。这也表明液态氦可在没有黏滞力时流动，沿着容器壁蠕升并越过容器口。这种特性被称为超流动性。

如果一群原子温度足够低，它们会变成固体；如果温度变得足够高，它们则会蒸发。所以固态和气态是可被规定的，但液态作为物质的第三种常见状态，是一种奇怪的中间状态，因为它既不像晶体固体那般完全有序，也不像气体那般完全无序。原子间的吸引力将原子结合成紧实的物质，但这些原子仍是可移动的，使液体具有流动和无序的结构。在数个分子直径的距离上，因为存在约束粒子的限制，液体具有一定的规律性。在一些液体比如水中，以某种几何形式排列的分子之间，化学键很弱，这种短距离规律性表现得明显一些。但在更长的范围内，液体就不再有任何的规律性。因为液体处于有序和无序之间，是一种难以理解和描述的物质状态，液态理论是仍在发展中的理论。一个特殊的问题是，液体与气体相同，其分子的运动不是独立的，而是相互关联的，一个分子的运动会影响相邻的其他分子。这个问题需要用液体黏滞性和流动性来解释。

相关主题

原子　4页
固体　8页

3秒钟人物

约翰尼斯·迪德里克·范·德·瓦耳斯
1837—1923
荷兰物理学家，建立了液体理论及液体与气体的联系

约翰·甘布尔·柯克伍德
1907—1959
美国物理学家，利用分子之间的力对液体进行统计建模

皮埃尔-吉尔·德热那
1932—2007
法国物理学家，诺贝尔奖得主，研究液体在物体表面扩展并打湿物体表面的方式

本文作者

菲利普·波尔

液体处于有序和无序之间，原因是尽管原子被引力结合但仍具有流动性。

气体

30秒理论

3秒钟速览

气体原子或分子移动速度太快，以至于相互之间吸引力不太大，因此充满了可及的空间，并遵守温度、压力和体积之间的简单统计“规律”。

3分钟思考

没有统计数据，我们就无法合理地应对气体，因为气体中的原子或分子数量太多，无法研究单个原子或分子的运动。温度和压力是统计数据，综合了数十亿气体分子的效应。在室温状态下，空气分子以500米/秒的速度快速运动，但因其质量很小，每个分子的动能仅为6×10^{-21}焦耳，在不考虑与大量分子结合的情况下可被忽略。

像液体一样，气体是物质的流动状态，但因为构成气体的粒子（原子或分子）的运动速度远高于液体中的粒子，能量更高，粒子间的吸引力对气体的性能影响非常小。这就导致气体并不会形成表面，但会扩展并充满可及的空间。气体粒子遇到障碍物时，便与之发生冲撞，在障碍物上产生力，这就是能被感知的气压。在定量定温条件下减小容器的尺寸，粒子运动的距离变短，与障碍物的冲撞则变得更加频繁，这就导致气压与气体体积的乘积维持在一个常数，这就是我们所说的波义耳定律。还可以通过提高温度、让粒子运动加快的方法增加气压，这被称为盖吕萨克定律。在恒定的气压下，气体的体积随着温度的增减而发生增减，这种现象被称为查理定律。这三项定律结合起来就形成了气体定律，即气压乘以气体体积除以气体的温度为常数。

相关主题

原子 4页

液体 10页

3秒钟人物

罗伯特·波义耳
1627—1691
英国化学家

雅克-亚历山大-塞萨尔·查理
1746—1823
法国科学家，气体温度与体积的关系以其名命名

盖-吕萨克
1778—1850
法国化学家和物理学家，对气体进行了广泛研究

本文作者

布莱恩·克莱格

气体原子和分子的运动速度克服了它们之间的引力，所以气体通常处于扩张状态。

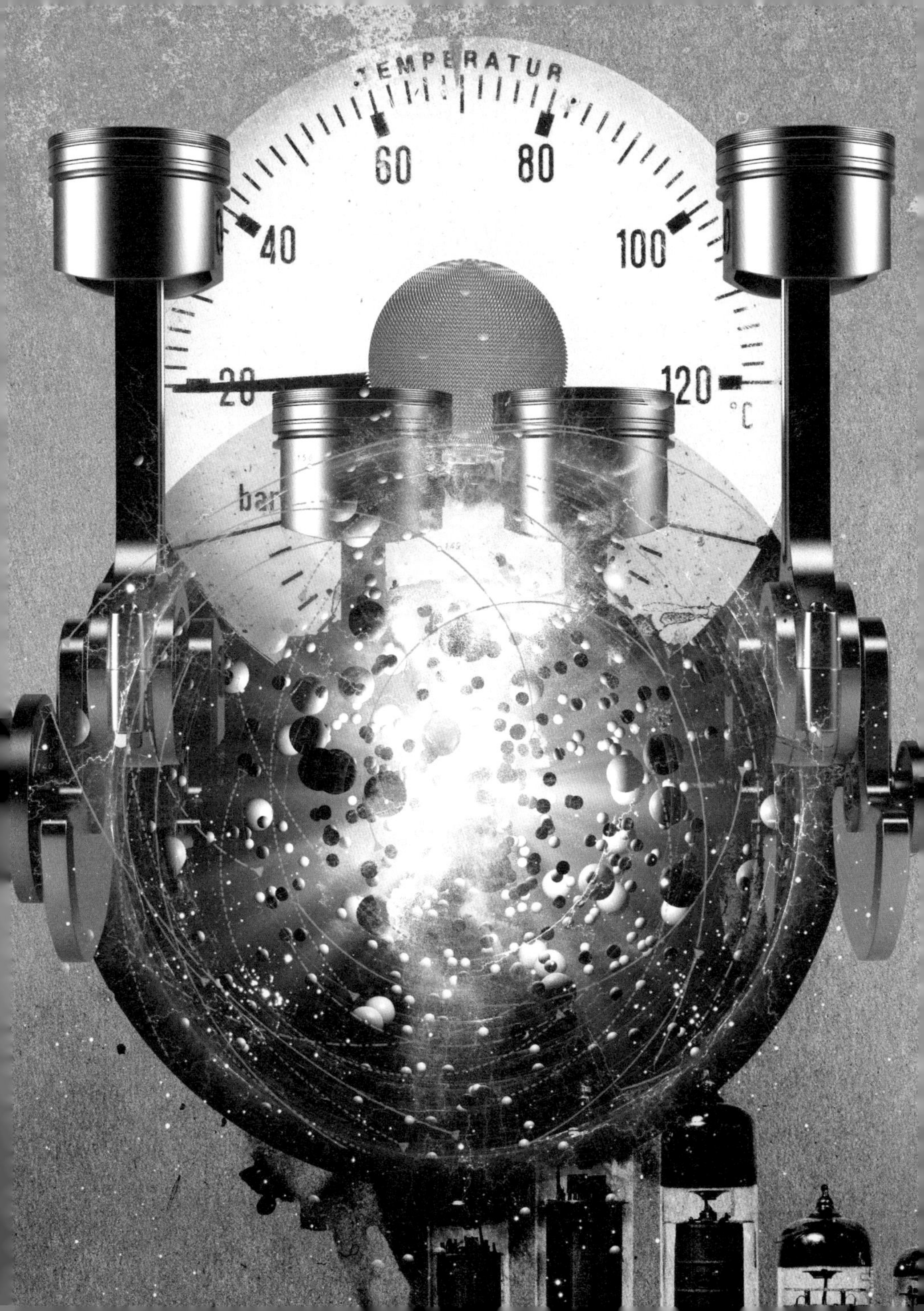

TEMPERATUR
20
40
60
80
100
120
°C
bar

1564年2月15日
出生于意大利比萨

1581年
进入比萨大学学习医学

1583年
转而学习数学

1585年
从比萨大学肄业

1589年
被任命为比萨大学教师

1592年
被比萨大学解聘。
被任命为帕多瓦大学教师

1591年—1604年
对力学、自由落体和加速度开展了重要的研究工作

1609年
制作了自己的望远镜

1610年
对月球进行观察；发现了木星四个较大的卫星；看到了金星的位像

1610年
离开帕多瓦大学

1610年
在《星际使者》一书中发表早期望远镜观察成果

1616年
因宣扬“日心说”被罗马天主教廷正式警告

1623年
出版《试验者》

1632年
出版《关于托勒密和哥白尼两大世界体系的对话》

1633年
因违反“1616年”警告条款被认定有罪，被判入狱，后改为家中软禁

1638年
将其一生成就结集成《关于两门新科学的对话》

1642年1月8日
在佛罗伦萨去世

人物传略：伽利略

GALILEO

如果牛顿是物理学之父，那么伽利略可以被认为是物理学之祖。伽利略1564年在意大利比萨出生。他的父亲温琴索是琉特琴演奏家和音乐理论家，对琴弦的张力、质量和横截面积与其发出之声音的关系进行了非常重要的研究。伽利略的叔叔是医生，伽利略的父亲希望儿子成为医生，但伽利略学习医学两年后，说服父亲让他转而学习数学。四年后，伽利略从比萨大学肄业，这对于那个时代与伽利略同社会阶层的意大利人来说并非罕有。接着他教了四年数学，并扩展了自己的知识面，包括文学，如学习但丁的《地狱》。1589年，他被任命为母校比萨大学的教师。

伽利略在这个职位上仅仅干了三年，部分原因是他日益公开反对古希腊自然哲学。伽利略是一个新科学家学派的一员，这个学派质疑古希腊哲学家的教义，认为实验才是获得世界本质的方法。但伽利略仍然通过一些有影响的朋友于1592年获得了更为著名的帕多瓦大学的教职，在这里他一直工作到1610年才辞职。在帕多瓦大学工作的18年间，伽利略在物体运动方面开展了重要的研究工作，为牛顿运动定律奠定了基础。

1609年，伽利略的生活发生了巨大的转折。当他听到第一台望远镜问世，决定用了解到的信息制作自己的望远镜。1609年晚些时候和1610年一整年，他的观察表明太阳和行星并不总是围绕着地球运动，他成为哥白尼“日心说”的坚定支持者。因此他在1616年同罗马天主教廷产生了矛盾，后者公开禁止他继续支持哥白尼“日心说”。由于不能在此问题上保持中立，1632年伽利略出版了《关于托勒密和哥白尼两大世界体系的对话》，教廷认为该书未能在两大体系间提出平衡的观点。1633年，教廷发布命令，指出伽利略违反了1616年对其警告的条款，以异端之名判处其监禁。后来教廷网开一面，但伽利略终其余生被软禁于家中。1638年，他发表了《关于两门新科学的对话》，总结了自己一生的工作。四年后的1642年1月8日，伽利略在佛罗伦萨安详地去世。

罗德里·埃文斯

等离子体

30秒理论

3秒钟速览

等离子体是物质四种基本状态中最奇特的一种。它是由带电荷的原子或离子及与其脱离的电子组成的“粥状物”。

3分钟思考

固体、液体和气体组成了我们周围世界的大部分，但等离子体却是宇宙中普通物质最普遍的状态。恒星是由等离子体组成，而稀薄的等离子体占据了星系之间的大量空间。宇宙形成后的第38万年时，在普通物质和自然之力经宇宙大爆炸凝结而成后，整个宇宙就是由等离子体组成的。

当被加热到极高温度或处于强电磁场时，气体改变其状态，成为等离子体。等离子体是继固体、液体和气体后物质的第四种形态。太阳是由等离子体组成的。等离子体形成的时候，原子间的分子键被破坏，电子从其从属的原子脱离。当带负电荷的电子脱离时，原子剩下的带正电荷的部分称为离子，而离子化就是等离子体和气体的区别。气体尚未被离子化，仅由自由运动、所属电子尚未脱离的原子或分子组成，整体看每个原子或分子仍然呈现电荷中性。等离子体则由带电荷的离子和电子组成，就等离子体整体而言，通常电荷是中性的。如果对等离子体施加电磁场，带正电荷的离子和带负电荷的电子将会以相反方向运动，从而产生电流。所有的等离子体都能导电，因此所有的材料成为等离子体时均能导电。这表明，与气体不同，等离子体可以在不使用固体障碍物的情况下通过电磁场来进行限制，而处于电磁场中的等离子体能展现形态和结构，不像气体那样会消散。

相关主题

固体 8页
液体 10页
气体 12页

3秒钟人物

欧文·朗缪尔
1881—1957
美国化学家，为离子化的气体发明了“等离子体”这个术语

汉斯·阿尔芬
1908—1995
瑞典电气工程师，认为等离子体是一种可以导电的流体

詹姆斯·范·艾伦
1914—2006
美国物理学家，发现地球被等离子体包围

本文作者

利昂·克利福德

等离子体，到处都是等离子体。太阳和恒星乃至空间，都是由等离子体组成的。

反物质

30秒理论

每个粒子都有与其质量相同、电荷等性质数值相反的反粒子，电子带负电，其反粒子是带正电的正电子，而质子的反粒子则是带负电的反质子，即使是中子也具有磁矩等性质数值相反的反粒子。当粒子和反粒子相遇时，发生湮灭，质量转变成能量，公式$E=mc^2$适用。在粒子物理学中，相互湮灭用于电子和反电子或质子与反质子的对撞机中。湮灭也用于医疗的正电子发射型断层造影术（PET）扫描中。与之相反，能量可在相互平衡的物质和反物质中实体化，就像宇宙大爆炸一样。相较于对反物质，物理学基本法则并未对物质有倾向性，这就使得宇宙中物质占据明显支配地位成为一个未解之谜。质子和反质子构成一个反氢原子。反原子核和反元素原则上是存在的，但除了反氢，反原子核和反元素并未被制造出来。使用反物质来解决世界的能量问题是不可能的。所有的反物质应当首先被制造出来，但制造反物质又消耗能量，制造一克重的反物质需要花费数十亿年时间。

3秒钟速览

反物质类似物质，但其一些特质具有相反的数值。反物质在宇宙中与物质一样常见，但其不被人注意，目前尚未得到完全解释。

3分钟思考

为什么可观察到的世界中，物质比反物质多？一种可能性是物质和反物质的总量相同，但我们生活的区域被物质所占据，而大量的反物质则存在于其他区域。另一种解释则是粒子和反粒子的特性存在一些根本的不对称性。欧洲核子研究中心正进行实验以确定氢和反氢是否存在任何不同的特性，但尚未有所发现。

相关主题

原子 4页
量子 46页
量子电动力学 56页

3秒钟人物

保罗·狄拉克
1902—1984
英国物理学家，预见了反物质的存在

卡尔·大卫·安德森
1905—1991
美国物理学家，于1932年发现宇宙射线中存在反电子

本文作者

弗兰克·克劳斯

理论上说，宇宙大爆炸制造了等量的物质和反物质。那为什么物理学家不能发现等量的物质和反物质呢？

光

光
术语

双折射 对于多数透明物质，单“折射系数”决定了光从空气进入该种材料（或从该种材料进入空气）时光线偏离的程度。当材料为双折射材料，其折射系数根据光的极化程度发生变化，从而导致未极化的光分为两部分，通过该材料看时产生某物体的两幅画面。最为人熟知的双折射材料是冰洲石。

宇宙微波背景辐射 人们认为宇宙形成后约30万年时第一次变得透明。在那个时候开始穿过宇宙的光现在仍可被探测到。那时的光是高能伽马射线，但随着宇宙的扩张，已发生红移成为微波，在天空中各个方向上都能探测到，于是形成了宇宙微波背景。

电磁波 光是电和磁的相互作用，可被描述为波、粒子或场中的扰动。最早对光的完善描述认为，光是一种波，由互为直角的电波和磁波构成。这不仅适用于可见光，也适用于从无线电到伽马射线所有种类的光，唯一的区别在于光的波长（或频率）不同。

伽马射线 高能电磁辐射（光）。伽马射线由核反应产生，波长小于10皮米（1/100纳米）。

冰洲石 材料为透明方解石（碳酸钙）的双折射晶体，根据光的极化程度让其产生不同的折射程度，透过冰洲石观察时会看到物体两幅不同的景象。

光电效应 一些材料暴露在光中时产生电流，产生的原因是光子增加了电子的能量，让电子脱离其材料中的原子而自由运动和带电。光电效应取决于光的频率而非光的强度。为解释光电效应，爱因斯坦提出，光由光子组成，而非由连续的波组成。

偏振光 光的波理论将光描述为沿着光的前进方向在两侧来回运动的波，其中电波和磁波互相垂直。光的电场振动的方向为极化的方向。诸如反射的一些现象，往往产生在特定方向极化的光。双折射材料根据光的极化方向让光发生折射，而类似人造偏光片的材料则只允许一个方向极化的光通过。

红移 当光源靠近或远离观察者，对光的波长（考虑光子时，则认为是光的能量）产生影响。光源靠近观察者时，光的能量增大，光的颜色在电磁波谱中上移，波长变短，称为蓝移。光源远离时则光的能量降低，光的颜色在电磁波谱中下移，波长变长，称为红移。

薛定谔方程 量子理论的先驱欧文·薛定谔提出了描述量子系统随时间变化的方程。牛顿定律导出的方程提供绝对的数值，而薛定谔波动方程（或更准确地说是其结果的平方）描绘了随时间的变化在任何位置发现量子粒子的可能性。

视觉皮质 脑中大脑皮质的一部分，处理来自光神经的视觉信息。

真空 不含物质的空间。将容器中的空气泵出或在宇宙深处可得到近似真空。

波长 波在周期运动中沿其运动方向回到某点所经过的距离。波长与频率互为倒数。光的波长越短则光子的能量越强。

电磁波谱

30秒理论

光可被认为是穿越空间、相互影响的电和磁的波，但事实上它只是我们所说的电磁波谱的一部分。就波长而言，电磁波谱的范围从波长最长的无线电到波长最短的伽马射线，光仅是整个范围的一部分。如果我们用钢琴键盘来代表整个电磁波谱，那么光的范围比键盘上的一个键的宽度还要窄。詹姆斯·克拉克·麦克斯韦在19世纪中期提出，人眼敏感的光仅是电磁辐射的一部分。1800年天文学家威廉·赫歇尔偶然发现了我们今天所说的红外线，次年紫外线也被约翰·维尔赫姆·里特偶然发现。X光和伽马射线发现于19世纪90年代。光的波长越短，其辐射能量越大，所以波长最短的伽马射线能量最大，也最危险。所有的电磁辐射都以光速运动，那么无线电波也以光速运动。

3秒钟速览

电磁波谱包括从无线电到伽马射线的一整套电磁波，可见光只是其中的一小部分。

3分钟思考

电磁波是由不断变化、互成直角的电场和磁场产生的。变化的电场产生磁场，变化的磁场产生电场。因此，电磁波在空间中自我传播，可以从宇宙的一端传播到另一端。例如宇宙微波背景辐射已经传播了130多亿年。

相关主题

光速　40页
电磁理论　68页

3秒钟人物

威廉·赫歇尔
1738—1822
德国出生的音乐家和天文学家，于1800年发现红外线

詹姆斯·克拉克·麦克斯韦
1831—1879
苏格兰理论物理学家，提出光是电磁波的一部分

威廉·康拉德·伦琴
1845—1923
德国物理学家，1895年发现X光

本文作者

罗德里·埃文斯

麦克斯韦、赫歇尔和伦琴在人们对电磁波谱的认识中做出了关键性的突破。

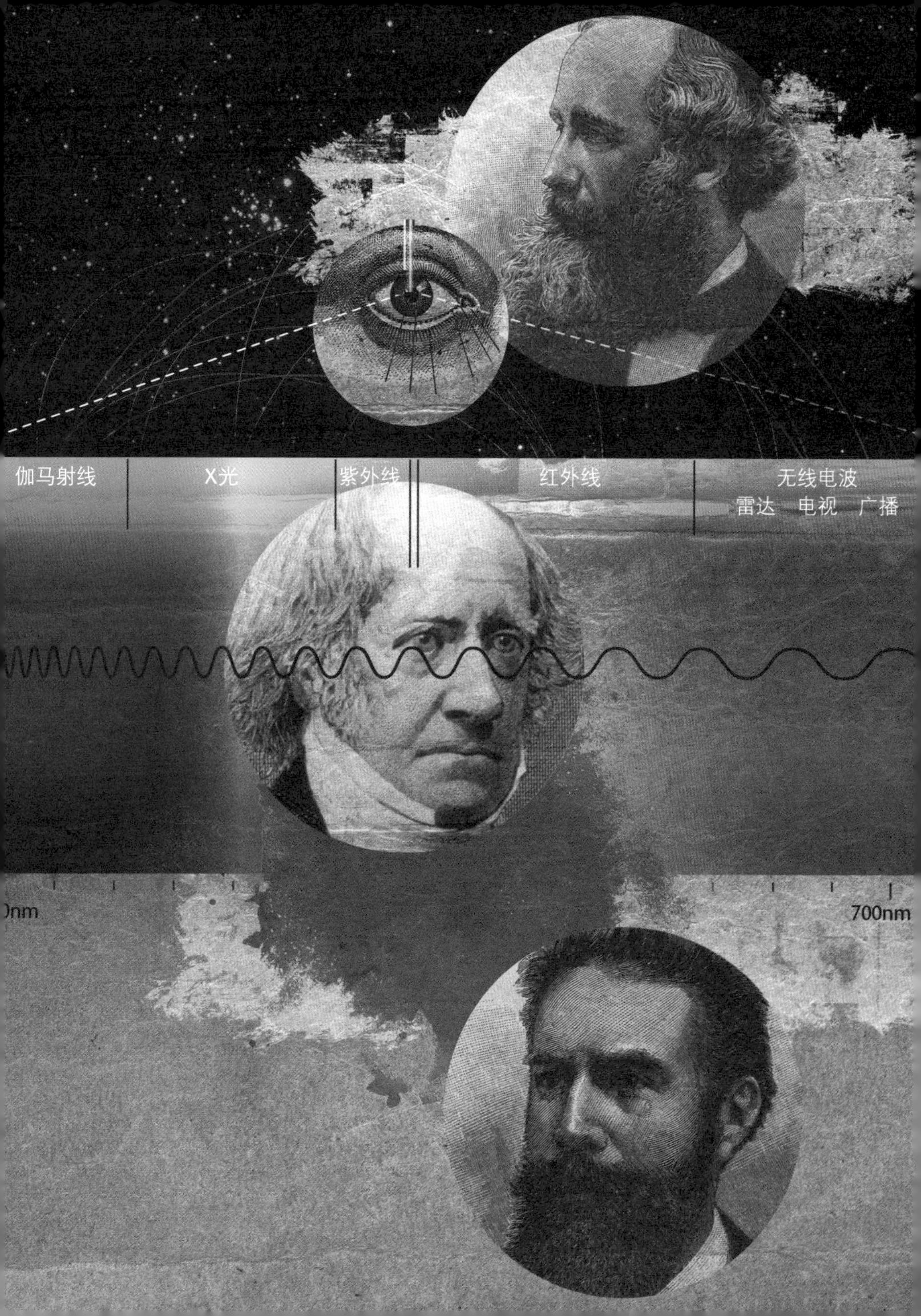
伽马射线
X光
紫外线
红外线
无线电波
雷达 电视 广播
700nm

颜色

30秒理论

产生颜色的原因有十多种，甚至在你开始思考大脑是如何处理达到人眼的光之前，这些原因就存在了。作为一种感觉，颜色既属于心理学和生理学的范畴，也是物理学的范畴。但颜色从光开始，当我们的眼睛接收到强度不同、波长范围覆盖可见光谱（从约400纳米至700纳米）的光时，大脑通常认为这些光是有颜色的。接下来的问题就是，使用什么样的方法降低白日光中某些波长的强度，让大脑认为光是有颜色的。一种常见的方法是吸收。物质可更多地吸收某些波长，最根本的原因是光子正好有合适的能量将电子从一种量子态推进至另一种量子态。由于叶绿素分子吸收红光和蓝光，所以反射后的光让草显现绿色。颜色的另一个原因是光的散射。小粒子和小分子散射光的方式取决于它们的大小及光的波长。空气中的分子强有力地散射蓝光，所以蓝光看上去来自所有的方向，因此天空看上去是蓝色的。被反射的光波互相影响，产生了蝴蝶翅膀和昆虫角质绚丽的蓝色和绿色。

3秒钟速览

当可见光达到我们眼睛时，我们就感知到颜色。我们的眼睛对某些波长的光更敏感。

3分钟思考

由于从物体反射到人眼中的光的波谱在不同的光照强度情况下（例如中午和黄昏）不同，我们的视觉系统已经进化出一种手段，纠正光照强度的不同以保留感知到的颜色，这样红色的苹果看上去仍是红色的。这种称为色彩恒常性的现象，涉及主视觉皮质的特定神经元，它们根据周围环境，将对波长敏感的视网膜锥状细胞处的信号进行校正。

相关主题

电磁波谱　24页
光子　28页

3秒钟人物

约翰·沃尔夫冈·冯·歌德
1749—1832
德国作家和博物学者，反对牛顿光和颜色的理论

托马斯·杨
1773—1829
英国科学家，解释了光的干涉和颜色视觉基础

米歇尔·尤金·谢弗勒尔
1786—1889
法国化学家，他的色彩理论和色彩对比观点影响了艺术家

本文作者

菲利普·波尔

我们对颜色的感知取决于眼睛和大脑对不同强度光的反应。

光子

30秒理论

3秒钟速览

在光的量子理论中，电磁波表现为被称为光子的无质量粒子的不连续释放。

3分钟思考

光子的观点似乎与光作为波的特性相矛盾，例如光的衍射或干涉中，双缝产生的两束光会互相抵消。经典实验被用于证明光是一种波，但现代实验中可发射光子个体仍然出现干涉样式。薛定谔波动方程可为此提供解释。

光子是电磁辐射的“包”。在量子理论中，电磁场由光子组成，当两个粒子交换一个或多个光子时，电磁力便出现了。直到19世纪末期，光都被认为是一种波。1900年，德国物理学家马克斯·普朗克引入了一个概念，即电磁辐射不是连续流，而是被称为光子的独立包或量子。这些光子的能量与电磁辐射的频率成比例，这样频率最高的光子能量最大。简单公式$E=hv$中，将光子能量E和其频率v联系起来的常量h被称为普朗克常量。阿尔伯特·爱因斯坦指出，普朗克假定光由光子组成，解释了光电效应令人费解的特征，即当光照射到金属上时，光的亮度决定了金属释放的电子数量而非电子的能量。如果光是由光子构成的，则这种现象就得到了解释，因为光线的亮度越大，则有更多的光子作为弹射物将电子从金属中弹出来。

相关主题

量子 46页

波粒二象性 48页

薛定谔方程 50页

量子电动力学 56页

3秒钟人物

马克斯·普朗克
1858—1947
德国物理学家，提出光应被视为量子

阿尔伯特·爱因斯坦
1879—1955
德国出生的物理学家，因确定光子在光电效应中的作用获得1921年诺贝尔物理学奖

本文作者

弗兰克·克劳斯

普朗克富有远见，他认为电磁辐射可能以量子形式而非波的形式出现，这激励了爱因斯坦。

反射

30秒理论

3秒钟速览

当光在物体表面反弹时发生反射。在光滑表面反射时为镜面反射，在粗糙表面反射时为漫反射。

3分钟思考

为什么左和右在镜子中会反过来，而上和下却不会反过来？这看上去似乎应当是个容易回答的问题。但它却引发了激烈的讨论，哪怕在近代也是如此。由物理学家理查德·费曼给出的不寻常的答案认为，并非左和右是相反的，而是前和后是相反的。例如你的鼻子，本来是朝北的，在镜子中则是朝南的。

射向物体表面的光可被吸收、反射或传递（如材料有一定的透明度）。简单地说，反射是光的反弹，很像击中了墙壁的壁球。如果落在物体表面的白光的一些波长被吸收，那么被反射的可见光会使得物体看上去有颜色。入射光线与物体表面垂线的夹角，与反射角的大小相同。假设以45°角射出光线，则反射光的角度也是45°。如果反射表面非常光滑，就像镜子或者静止的水面，那么反射光会形成与入射光一样但相反的景象，这种现象被称为镜面反射。但如果反射表面粗糙，像毛玻璃一样，则光线向各个方向反弹，物体的景象也失去了，这种现象被称为漫反射。尽管经典光学已很好地描述了反射，但完整的解释还是要用到光和物质相互作用的量子理论，这种量子理论被称为量子电动力学。量子电动力学中，反射被理解为来自物体表面被激发原子光的再辐射，反射角则是辐射波通过干涉的互相增强的角度。

相关主题

颜色　26页
折射　32页

3秒钟人物

罗杰·培根
约1214—1293
英国哲学家，他曾提到“反射和折射定律”

奥古斯丁·让·菲涅尔
1788—1827
法国物理学家，是第一个写出光反射和折射公式的人

理查德·费曼
1918—1988
美国物理学家，因光和物质相互作用的量子理论即量子电动力学而获得诺贝尔物理学奖

本文作者

菲利普·波尔

现代城市里，我们有相当多的机会来观察光从镜子般光滑的物体表面反射的现象。

折射

30秒理论

3秒钟速览

折射是当光线从一种介质进入另一种折射系数不同的介质中（例如从空气进入到水或玻璃中）时发生偏折的现象。

3分钟思考

一些物质，例如方解石，在不同方向有不同的折射系数。这类材料被认为具有双折射系数。有不同极化方向（不同振动电磁场方向）的光线穿过这些材料时，会沿着不同的路径通过，产生了两种景象，这就是双折射。双折射被应用于液晶显示。按照特定方向排列的分子或明或暗，取决于这些分子影响偏振光的方式。

与一般观点不同的是，光速并不是恒定的。光在玻璃或者水中的传播速度比在真空或空气中的速度要慢，于是光在穿过不同物体时就会改变方向。这种现象被称为折射，这也是物体浸入水中时外观发生变形的原因。光在真空的速度与其在另一种介质中的速度的比值称为这种介质的折射系数，而所有常见物质的折射系数都大于1。水的折射系数约为1.33，玻璃的折射系数约为1.5。某种介质的折射系数越大，则光进入或者离开这种介质时的偏折就会越大。偏折的原因是光在两点之间沿着最快的路径运动，当光进入传播速度较慢的介质时，光运动至某一点要沿着比直线更快的路径运动。光的折射角度取决于光的波长，这种现象称为散射。当不同颜色组成的光在雨滴中发生折射并被雨滴反射而分开时，就出现了彩虹。折射也是其他“光的小把戏”（如海市蜃楼）产生的原因。彩虹是因温度不同的空气具有不同的折射系数而产生的。

相关主题

反射　30页

极化　36页

最小作用量原理 38页

光速　40页

3秒钟人物

威理博·斯涅尔

1580—1626

荷兰天文学家，推导出折射角与光在传输介质中的相对速度的关系

托马斯·杨

1773—1829

英国科学家，发明了“折射系数”这一术语

本文作者

菲利普·波尔

光线在水中“弯曲”产生了彩虹，也产生了物体在水下被扭曲的景象。

θ1
θ1
θ2

1791年9月22日
出生于靠近伦敦现今被称为“大象和城堡”的区域

1805年
成为书籍装订商乔治·雷柏的学徒

1813年
成为英国皇家科学院实验室助理

1821年
进行电磁旋转实验（单极单机）

1824年
被选为英国皇家学会会员

1826年
启动英国皇家科学院儿童圣诞节讲座

1831年
发现电磁感应现象，制作发电机

1832年
将两个电解定律公式化

1833年
成为英国皇家科学院富勒化学教授（以约翰·富勒之名命名的职位）

1845年
发现了磁和光之间的关系

1848年
被给予使用汉普敦宫房间的优待

1867年8月25日
在伦敦附近的汉普顿宫去世

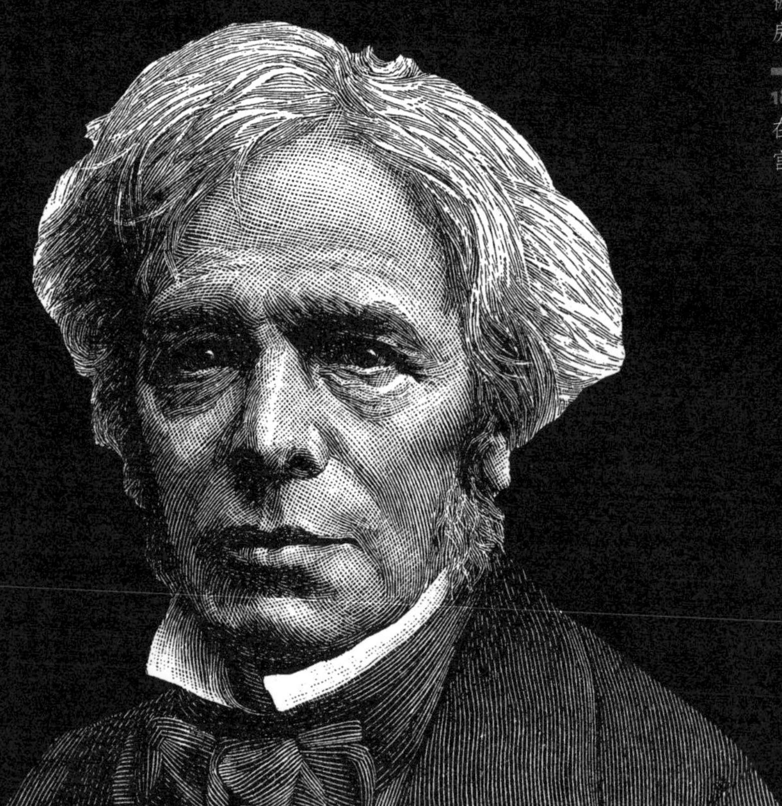

人物传略：迈克尔·法拉第

MICHAEL FARADAY

迈克尔·法拉第于1791年出生于现今伦敦南部，是铁匠之子。他接受过基本的学校教育，14岁时成为书籍装订店学徒。法拉第抓住每个机会吸收书籍的养分，尤其是让他有兴趣的书籍门类，如电学或化学。后来，他继续自学，参加科学主题的公众讲座，包括汉弗莱·戴维在英国皇家科学院组织的讲座。1812年，在学徒期快结束的时候，他将讲座笔记装订本寄给了戴维本人，希望在皇家科学院谋一份工作，但此时尚无职位空缺。几个月后戴维解雇一名助理时，想起了法拉第这个年轻人的申请。于是，法拉第于1813年3月1日被任命为皇家科学院化学助理。

法拉第是一位杰出的实验家，不久以后他的成就就超过了戴维。1825年，在戴维退休之后，法拉第成为实验室的负责人，1833年他成为皇家科学院的首位化学教授。与这个头衔不太吻合的是，法拉第重要的成就都是在物理学领域做出的。

法拉第的首个重要发现，是被他描述为“电磁旋转”的现象，发现于1821年，事实上这是世界上第一台电机。法拉第创造力的巅峰是在1831年到1832年，他发现了电磁感应现象，制造了第一台单极电机，并将自己的电解定律公式化，法拉第的智慧在于将看上去不相关的科学分支即电学和磁学、电磁学和运动学以及化学和电学组合在一起的能力。

法拉第不仅是一位伟大的科学家，还是一位顶尖的科普学家。他将戴维成功的公众讲座继往开来，获得了伦敦最有趣演讲者的头衔。他的拥趸包括查尔斯·狄更斯和皇室成员。在其晚年，法拉第是包括灯塔和矿难在内等问题的政府事务科学顾问。在克里米亚战争期间，法拉第被要求研究毒气武器，但他基于道德原因拒绝了。他因谦卑拒绝了很多荣誉，包括骑士爵位。法拉第于1867年去世，距其76岁生日刚刚过去几个星期。

安德鲁·梅

极化

30秒理论

3秒钟速览

每个光子（或光波）的方向都与其运动方向垂直，其运动方向与变化的电场有关，决定了其极化程度。

3分钟思考

传统的“线性”极化方向固定，但是光可以有“循环”极化，即极化的方向随着光的传播而旋转。当前的纤维光学中，通过对光的极化而非光的强度进行建模，可以将传输的信息量增加一倍（请注意，极化与让光产生旋转相位的实验效果是不同的，后者是另一种光的特性）。

如果你认为光是互相垂直的电波和磁波的相互作用，那么电波在一个特殊的方向上在两边来回形成波纹，这个特殊的方向就是光的极化方向（使用电波的方向是硬性规定）。对于倾向认为光是由光子组成的人来说，每个光子都有一个方向，并与其极化方向即运动方向成直角。普通光源（如太阳）释放各种极化方向的光子，但一些材料就像滤镜一般，仅仅让具有某种极化方向的光通过。这种现象首先在光通过一种叫作冰洲石的水晶时被观察到。冰洲石对两个极化方向有不同的折射系数，于是通过它会看到两个景象。被反射的光往往在一个方向上有更多的极化光子，这就让偏光太阳镜能够去除掉炫目的光。液晶显示屏在液晶的各边使用互成直角的两种极化过滤器。这些过滤器让光无法通过，但当电流通过液晶时，其极化方向发生旋转，光则被允许通过。

相关主题

电磁波谱　24页
光子　28页

3秒钟人物

易拉斯姆斯·巴托林
1625—1698
丹麦物理学家，首次对冰洲石进行科学研究

奥古斯丁·让·菲涅尔
1788—1827
法国工程师、科学家，将极化与光波振动的方向联系起来

埃德温·兰德
1909—1991
美国工程师，发明了人造偏光材料

本文作者

布莱恩·克莱格

极化广泛应用于日常生活，从偏光太阳镜到液晶显示屏，未来可能会用于光纤。

最小作用量原理

30秒理论

3秒钟速览

光传播时所经过的路线将经过某段路程的时间压缩到最短，这就意味着当光从空气进入传播速度较慢的玻璃时，会向内偏折。

3分钟思考

最小作用量原理让理查德·费曼着迷，这个原则的确提出了一种完全不同的看待世界的方法。这是费曼博士学位论文的发端。这篇论文指出，通过画出描述从A点到B点各种可能的“世界线”，并赋予每条线以概率，就有可能为量子粒子特性提供比先前数学方法更为易懂的描述。

最小作用量原理表明大自然是有点懒的。例如，空气中球体的弹射轨迹将球体的动能和势能之差最小化。17世纪，皮埃尔·德·费马用该原理的一个变体即最少时间原理解释光从空气进入玻璃中时发生的折射。最小时间原理认为，光线从A点到B点将采用最快的路线。在单一介质中，该路线为直线。但光在玻璃中的传播速度远小于在空气中的传播速度，基于此，在空气中花稍长的时间，在玻璃中能花较短的时间，光线行程总时间会变得较短。所以光在空气中运动的距离稍长，而在玻璃中向垂线偏折，这样就比全程走直线耗时更少。这个原理有时候被称为“海滩救生原理”，因为相同的原则适用于海滩救生员。靠近水中溺水者的最快路径不是沿着直线，而是偏离一定的角度，这样更多的时间就用在海滩上奔跑，而在水中游动的时间就较少，因为在水中游动速度较慢。

相关主题

折射 32页

运动、速率和速度 86页

动能 110页

势能 112页

3秒钟人物

皮埃尔·德·费马

1601—1665

法国数学家，首先将最小作用量原理应用于光

理查德·费曼

1918—1988

美国物理学家，将最小作用量原理延展应用于量子物理学

本文作者

布莱恩·克莱格

最快的路径可能不是最短的路径。海滩救生员在海滩上奔跑的速度要比在水中游动的速度快。

光速

30秒理论

光的传播速度非常非常快，但不是瞬时的。伽利略曾试图使用间距为数公里的一些灯来测量光的速度，但未能成功。于是他得出结论，光从A点传播到B点为瞬时的。光速有限的迹象第一次出现在17世纪晚期，当时丹麦天文学家罗默意识到，当地球更靠近木星时，木星之卫星的轨道出现的时间较之地球离木星较远时不同。19世纪中叶，法国人菲佐和傅科进行实验，得出光的传播速度，但这个速度仅是目前被认可光速30万千米/秒的百分之几。1865年，麦克斯韦提出光是电磁辐射的一种形式，理由是其速度与根据电和磁的已知数据预测的电磁波的速度是一致的。1905年爱因斯坦指出，光的速度是自然界的一个常数，而所有的观测者无论其运动的速度如何，都会得出同样的光速测量数据。他还指出，没有任何其他物质的速度能比光速更快。当我们的速度接近光速时，距离缩短，外部观测者看到的时间变慢，质量增加。

3秒钟速览

光传播的速度非常快，达到30万千米/秒。爱因斯坦认为没有比光速度更快的物质。

3分钟思考

由于光速有限，当我们凝视夜空时，我们看到的是过去的时光。来自夜空中最亮的天狼星的光，约8.5年后被我们看见，而来自北极星的光被看到则需要大约400年时间。来自我们所能看见的最遥远星球的光，则需要130亿年才能被我们看见。我们看见的这些光，是它们在宇宙还十分年轻时的样子。

相关主题

光子　28页
电磁理论　68页
狭义相对论　100页

3秒钟人物

奥勒·罗默
1644—1710
丹麦天文学家，首个测得光速的人

莱昂·傅科
1819—1868
法国物理学家，以傅科摆闻名

詹姆斯·克拉克·麦克斯韦
1831—1879
苏格兰理论物理学家，指出光是一种电磁波

本文作者

罗德里·埃文斯

罗默发现，木星卫星的运行周期因地球和木星的距离不同而异。

量子理论

量子理论

术语

反粒子 通常是反物质的粒子。反物质与物质相似，但常常带相反的电荷。每种物质粒子都有与其相当的反粒子，因此，电子的反粒子是正电子。当物质和反物质结合时，这些粒子会发生湮灭，产生等量能量的光子。在某些反粒子的定义中，光子就是其自身的反粒子。

黑体 吸引所有达到自身的电磁辐射的物体。在温度恒定时，黑体释放仅取决于其温度的光谱。

狄拉克公式 薛定谔公式考虑狭义相对论后的等效公式，由英国物理学家保罗·狄拉克提出。该公式适用于特殊类型的粒子（如电子）。该公式在正电子出现很久以前就预言了正电子的存在。

电解作用 使用电流引起化学反应。电流为本来带正电荷的离子（失去电子的原子）提供电子，并从带负电的离子移除电子。电解作用最著名的例子就是水的电解，产生氢气和氧气。

海森堡不确定性原理 量子物理的一个结论，指出更好地知道一个量子的位置，就意味着对其动量的了解就会越不精确，相反也成立。这对于系统的能量和时间也适用。

矩阵 分布在长方形中的一系列数字或者数学表达式的集合。矩阵乘法有特殊的规则，也就是说AB相乘不一定等于BA相乘。

动量 在经典物理学中为物体的质量乘以其速度。在量子力学中，动量是普朗克常数除以量子粒子的波长，适用于有重量的粒子和没有重量的粒子（如光子）。

光子 光的无质量量子粒子。光可被描述成波、粒子或电磁场的扰动。所有这些描述都是帮助人们了解光的模型，而光本身仅是光而已。在处理光和物质相互作用（量子电动力学）时，将光描述成粒子非常有用，这首先由爱因斯坦提出。他描述了光电效应中具有能量的光子将金属中的电子击出形成电流的方式。光子的能量与光的颜色（即光被认为是波时的波长或频率）等效。光子是携带电磁力的粒子，当两个物体间发生电或磁作用时，在这两个物体间运动的光子就携带电磁力。

量子 当发现光有时表现为不连续物体的集合时，量子最早被用来描述光的分组或光的粒子。量子现在指所有足够小、遵守量子物理学的物体。

量子态 一种量子体系，适用于一个或多个量子粒子，有一组数字定义量子粒子所处的状态。通常一个粒子的性质（如旋转）在其被测量之前没有单一定值，而是处于量子态中。例如可能是40%的上升或60%的下降。

量子旋转 量子粒子的旋转是量子特性之一。尽管旋转被模拟为角动量，但它并不真的与旋转相关。它的值为1/2的倍数，方向是量子化的。例如，如果观测一个粒子的旋转，其可能是观测方向的“升”或“降”。

薛定谔方程 薛定谔作为量子理论的先驱，提出了描述量子粒子随时间发展的方程式。不像牛顿定律等方程式提供绝对的数值，薛定谔波动方程式（或者更确切地说是其平方）指明了随着时间变化在某个特定位置找到某个量子粒子的可能性。

量子

30秒理论

3秒钟速览

辐射和亚原子粒子（如电子和正电子的）的能量只能以不连续分组的形式存在，这种不连续分组被称为量子。

3分钟思考

能量是以不连续分组即量子的形式存在的思想是20世纪物理学的三大革命之一，这项物理学革命由马克斯·普朗克于1900年开启，在20世纪20年代末期以量子力学的出现为标志达到顶峰。量子力学告诉我们，不仅能量是量子化的，而且各种测量都存在固有的不确定性。

量子（quanta）是quantum的复数，quantum是物理学中相互作用所涉及的任何物体的最小数量。自然界量子化的思想最早由马克斯·普朗克于1900年提出。他提出，假设黑体只能释放出具有某种能量的光，光的能量是分组的，普朗克称这些分组为量子，每个量子的能量取决于光的频率。他认为只有在这种假定条件下，才能解释黑体的光谱。五年后，阿尔伯特·爱因斯坦便能解释光电效应了。他认为在光电效应中，电子从被光照射的某些金属的表面释放出来，入射的光线以不连续的能量分组的形式被电子吸收，这种不连续的能量分组就是普朗克为解释黑体实验中光的释放所提出的量子。在1913年原子核被发现后，尼尔斯·玻尔提出电子围绕原子核的轨道是量子化的，且只能取固定的值。这些量子化的轨道使得玻尔能解释氢的光谱，即当电子从较高轨道跳入较低轨道时，特定频率的光子被释放。20世纪20年代晚期，欧文·薛定谔和沃纳·海森堡各自独立形成了我们目前所称的“量子理论”，该理论解释了玻尔关于电子轨道量子化的思想。

相关主题

光子　28页
波粒二象性　48页
不确定性原理　52页

3秒钟人物

马克斯·普朗克
1858—1947
德国物理学家，首个提出光量子化的人

欧文·薛定谔
1887—1961
奥地利物理学家，提出了量子理论的波动力学形式

沃纳·海森堡
1901—1976
德国物理学家，提出了量子理论的矩阵力学形式

本文作者

罗德里·埃文斯

玻尔在1913年的论文《原子和分子的组成》提出了他的新理论。

n1
n2
n3
n4
n5

波粒二象性

30秒理论

我们认为光是一种波，而构成原子的建筑材料（电子、中子和质子）是粒子。但在量子力学令人疑惑的世界中，像光这样的波可以表现得像粒子，而像电子这样的粒子可以表现得像波。这种现象被称为波粒二象性，已被许多实验所证实。光在某些状况下的特性只能在光被认为是由不连续的分组或量子也即粒子的情况下才能解释。光的量子被称为光子，它像粒子具有动量，像波一样具有波长或频率。与之类似的是，电子的某些特性只有在将电子认为是波的情况下才能解释。电子和所有其他粒子都有波长和频率，以及粒子才会有的动量。现代数字照相机的组件能容易地对光进行解释，即镜头聚焦时将光当成波，光子触及感光芯片时释放电子，这时就将光当成粒子。与之类似，电子显微镜也解释了电子的波粒二象性。

3秒钟速览

量子力学描绘了一个奇怪的世界，在这里看上去是波的物质（如光波）表现出粒子的特性，而看上去是粒子的物质（如电子）表现出波的特性。

3分钟思考

波粒二象性不光适用于单个粒子，原子乃至更大的分子也展现了波的特性。物理学家认为每个物体，都有与自身相关的波长，并且个体较大的物体，波长较短。幸运的是，我们不能在日常生活中看到这样的情况，因为岩石、汽车、人和行星与单个粒子相比体型过于巨大，以至于其波长小到不能被察觉到。

相关主题

量子　46页
薛定谔方程　50页
不确定性原理　52页

3秒钟人物

马克斯・普朗克
1858—1947
德国物理学家，提出光和热能分组包装在量子中

克林顿・戴维森
1881—1958
美国物理学家
莱斯特・杰默
1896—1971
美国物理学家
乔治・佩吉特・汤姆森
1892—1975
英国物理学家
这三人提出电子表现出了衍射现象，这是波的特性

本文作者

利昂・克里福德

根据物理学家的观点，即使是爱因斯坦和普朗克也有他们自身相关的波长。

薛定谔方程

30秒理论

经典力学的方程描述系统如何随时间变化，但它在量子世界就不起作用了，需要一种不同的数学方法来描述量子系统的变化。物理学家薛定谔于1926年提供了解决这个问题的方法，这种方法如今被称为薛定谔方程。该方程真切地描述了量子系统之波动功能的变化，波动功能包含用以完全描述量子系统的所有信息。薛定谔方程以类似波动的方式描述确定一个粒子或一个粒子系统位置的可能性是如何变化的，从而提供了一些对波粒二象性（即粒子表现波的特性和波表现粒子特性）的认识。从数学上讲，薛定谔方程式以代数和微积分为基础，量子力学也可用矩阵数学来描述，两种方法是等效的。薛定谔方程是经典物理学在数学方面的巨大进步，它提供了经英国物理学家狄拉克发扬光大、助力量子电动力学出现的基础。

3秒钟速览

欧文·薛定谔对量子力学的贡献同牛顿对经典力学的贡献一样重大。薛定谔提出了一个简单的公式，描述了量子系统是如何演化的。

3分钟思考

经典力学的公式在量子世界上失灵，与之相同的是，量子力学基本公式薛定谔方程在接近光速时也失灵了。物理学家保罗·狄拉克将适用于极快速度的数学（狭义相对论）和适用于极小物体的数学（薛定谔方程）结合起来，得到了狄拉克公式。它是薛定谔方程针对某些种类粒子的相对论版本。

相关主题

量子 46页
波粒二象性 48页
不确定性原理 52页
量子电动力学 56页

3秒钟人物

欧文·薛定谔
1887—1961
奥地利物理学家，诺贝尔奖获得者，薛定谔公式的创立者

沃纳·海森堡
1901—1976
德国物理学家
理查德·费曼
1918—1988
美国物理学家
这两人发现了描述量子系统演进的不同方法

本文作者

利昂·克利福德

薛定谔测试其公式的方法是将其用于氢原子结构。

Eψ = Hψ

不确定性原理

30秒理论

量子理论的基本原理是由德国理论物理学家沃纳·海森堡于1927年提出来的。他认为人们不可能以很高精度同时测得一个粒子的位置和运动，或者精确确定该粒子在某一瞬间的能量。对一种特性的测量越准确，则另一特性被测量或被控制的精度就要降低。这种现象的效应小到在日常事务中可被忽略，但它对亚原子粒子来说效应却是极其巨大的。这种不确定性是自然界的内在属性，而非简简单单测量设备的缺陷。这就导致粒子的总能量可在短时间t内发生范围为E的波动，且E和t的乘积不超过普朗克常数除以4π。这也意味着能量在很短的时间内将不再保持为恒定，这种状态下的粒子被称为虚粒子。根据量子电动力学，粒子间虚光子的交换产生了电磁力。

3秒钟速览

如果你知道某物体的位置，那么你不能精确地知道其运动方向。能量是可以被“借用”的，但借用时间仅为一瞬间。

3分钟思考

不确定性原理是粒子加速器（如大型强子对撞机）尺寸很大的原因。探测比质子小几千倍的距离需要比室温条件下的粒子能量大数万亿倍的粒子流。为将粒子加速到这样的能量水平，需要大型的加速器，因为目前的技术水平限制了粒子激励的速度。

相关主题

光子 28页
量子电动力学 56页
弱核力 76页
强核力 78页

3秒钟人物

尼尔斯·玻尔
1885—1962
丹麦物理学家，与海森堡密切合作

沃纳·海森堡
1901—1976
德国物理学家，不确定性原理之父

本文作者

弗兰克·克劳斯

不确定性原理是物理学最著名的观点之一。该原理认为，人们不能同时精确测定粒子的位置和动量。

量子隧道

30秒理论

量子隧道技术解释了诸如核聚变和核辐射等亚原子是如何克服本该阻止过程发生的巨大能量势垒的。例如，在放射性贝塔（β）衰变时，一个中子变成一个质子、一个反中微子和电子，其中的反中微子和电子从原子核分裂时速度很快。按照经典力学，由于带正电的原子核和电子间的电磁引力非常之大，电子不应能脱离原子核。为解释电子摆脱原子核的方式，人们引入了量子隧道的概念，即电子能在能量势垒中“开凿隧道”从而越过能量势垒，就像一列火车穿过山体而非越过山体从而到达山体的另一侧。借助海森堡不确定性原理才有了“量子隧道”。在上面的例子中，电子可在短时间内借得能量，而该能量能使电子克服本该阻碍电子的能量势垒。量子隧道的长度极其微小，仅为1~3纳米或更小。

3秒钟速览

量子隧道让亚原子粒子能短时间借用能量并突破本来非常巨大的能量障碍。

3分钟思考

发明于1981年的扫描隧道显微镜（STM）技术，通过对材料表面进行扫描，使单个原子可被看见。该技术使用非常靠近材料表面的导电头，施加电压后电子可以在导电头和材料表面间形成隧道。一个扫描隧道显微镜的精度在水平面*x–y*方向上可达0.1纳米，在垂直的*z*方向上可达0.01纳米。

相关主题

波粒二象性　48页
不确定性原理　52页
弱核力　76页

3秒钟人物

马克斯·玻恩
1882—1970
德国物理学家，认识到量子隧道在核反应之外有更广泛的应用

乔治·伽莫夫
1904—1968
俄国出生的物理学家，他使用量子隧道解释核辐射阿尔法衰减

布莱恩·约瑟夫森
1940—
威尔士物理学家，在超导体中量子隧道的作用方面进行了开创性的工作

本文作者

罗德里·埃文斯

“借得”的能量在亚原子级别的微小距离上为量子隧道提供能量。

量子电动力学

30秒理论

量子电动力学（QED）是结合了麦克斯韦经典电磁理论、爱因斯坦狭义相对论和量子理论的电磁力理论。麦克斯韦关于电流和电磁波（如光和无线电）的经典理论是在电子和光子发现前建立的。1928年，保罗·狄拉克建立了符合狭义相对论的关于电子与光子相互作用的理论。狄拉克方程还预见到了反物质正电子的存在，以及电子和正电子在能量爆发时相互湮灭产生光子或者反过来光子可以转化为粒子和反粒子（如电子和正电子）的可能性。为了解释这些复杂现象，狄拉克建立了量子电动力学，描述了光子和电荷的相互作用，包括物质和反物质在电磁场的效应。根据量子电动力学，两个粒子间的电磁力是一个或多个光子交换的结果。该理论非常成功地以纳米精度描绘了粒子（如电子）的磁特性。

3秒钟速览

由于保罗·狄拉克的开创性工作，量子电动力学以符合量子理论和狭义相对论的方式对电磁场进行了解释。

3分钟思考

量子电动力学是物理学中被最严格测试过的理论之一。费曼试图让量子电动力学中复杂的量子以粒子、反粒子和光子的形式被视觉化。量子电动力学推动了强核力和弱核力理论的发展，分别产生了量子色动力学和量子味动力学。这些理论在数学上的相似性让理论家们为这些力寻找一个更为宏大统一的理论。

相关主题

反物质　18页
光子　28页

3秒钟人物

保罗·狄拉克
1902—1984
英国物理学家，发展了量子电动力学

朝永振一郎
1906—1979
日本物理学家
朱利安·施温格
1918—1994
美国物理学家
理查德·费曼
1918—1988
美国物理学家
上述三人因量子电动力学的成就分享了诺贝尔奖

本文作者

弗兰克·克劳斯

费曼试图分别用波浪线和直线代表在时空中运动的光子和电子或正电子。

e^-
e^+
$\bar{p}$
q

1918年5月11日
出生于纽约市

1935年
获得麻省理工学院奖学金，学习物理学

1939年
进入普林斯顿大学攻读博士学位，在入学考试中获得最高分

1942年
被罗伯特·奥本海默选中，加入曼哈顿计划

1945年
他青梅竹马的妻子阿琳因肺结核去世

1945年
被任命为康奈尔大学理论物理学教授

1947年—1949年
从事量子电动力学工作，后来为其获得诺贝尔物理学奖奠定基础

1950年
被任命为加州理工学院理论物理学教授

1960年—1963年
重写了加州理工学院本科生物理学教材，并讲授该课程

1965年
因量子电动力学的成就获得诺贝尔物理学奖

1985年
出版了自己的畅销书籍《别闹了，费曼先生》

1986年
用一个简单的论证让调查挑战者号航天飞机灾难的罗杰斯委员会改变做法

1988年2月15日
在洛杉矶去世

人物传略：理查德·费曼

RICHARD FEYNMAN

理查德·费曼出生于纽约郊区洛克威，他的父亲是服装销售员。青春期的时候，他大量阅读成年人的数学书，并在不少数学竞赛中胜出。费曼获得奖学金进入麻省理工学院学习物理学，之后又申请在普林斯顿大学攻读博士学位。他在普林斯顿大学入学考试中，数学和物理学都获得了最高分。在普林斯顿大学，他在约翰·阿奇博尔德·惠勒的指导下研究量子力学。获得博士学位后，他被罗伯特·奥本海默选中，加入位于阿拉莫斯的曼哈顿计划。

在阿拉莫斯，费曼负责研究对产生链式反应非常关键的中子计算。他还主要管理进行复杂计算的人工计算机团队，这项工作消耗了他太多的时间，于是费曼设计了平行计算方法，让计算效率从九个月完成三项计算提高到三个月完成九项计算。二战结束时，他拒绝了加入普林斯顿大学高级研究院同爱因斯坦一起工作的邀请，在康奈尔大学担任教授，同一年，与他青梅竹马的妻子阿琳因肺结核去世，让他陷入深深的抑郁。

费曼在康奈尔工作了五年，其间他是研究量子电动理论即光和物质颗粒相互作用的三位物理学家中的一位。其他大学试图邀请他，其中芝加哥大学提出了非常慷慨的条件，让他几乎无法拒绝。但他最后依然选择了加州理工学院。在加州理工学院，费曼在人类对弱核力相互影响的认识方面做出了巨大贡献，还对夸克的早期理论做出了贡献。20世纪60年代早期，费曼被要求重新撰写加州理工学院所有学生必修的为期两年的物理学导论，该课程非常受欢迎，以至于研究生和其他教师也来上课。费曼的物理学导论于是成为物理学的经典教材。费曼因其在量子电动力学上的成就于1965年获得诺贝尔物理学奖，但他从未因获奖而感到心安理得，晚年时，他说希望自己从未获得此项奖励。他寓教于乐、通俗易懂地解释物理学的能力无与伦比，这使他成为电视明星。他的回忆录《别闹了，费曼先生》于1985年出版，是有史以来最畅销的科技书籍之一。费曼最后一项重大贡献是于1986年2月11日的电视直播中公开指出挑战者号航天飞机失事是因为圆形橡胶发生故障。费曼因患癌症于1988年2月在洛杉矶去世。

罗德里·埃文斯

量子纠缠

30秒理论

量子纠缠被爱因斯坦描述为“相隔一定距离的幽灵行为”，是量子力学中让人感兴趣的现象。在量子纠缠中，两个或多个粒子的量子态被联系起来。例如，我们可以制造自旋方向（自旋方向是电子四种量子态之一）之和为零的两个电子，并在不同的方向将它们释放，这样它们之间的间距就较大。如果其中一个电子被测得有$+1/2$的自旋，那我们就知道另外一个电子的自旋肯定为$-1/2$。当我们测量第一个电子的量子态时，其他可能的量子态就消失了，我们称这种现象为量子态“已崩溃”。这就造成了一个矛盾的情况，即哪怕两个电子之间距离较远，第二个电子也会立即知道第一个电子的量子态。两个电子间即时传递信息这个明显的矛盾，被称为爱因斯坦—波多尔斯基—罗森悖论（爱波罗悖论）。

3秒钟速览

量子纠缠是一种奇怪的物理现象，两个粒子即使相距遥远，也能瞬间交流它们的量子态。

3分钟思考

量子纠缠的一个结果就是量子瞬间移动。尽管量子纠缠并不是电视剧“星际迷航”中表现的瞬间移动，但该电视剧提供了一个单位的量子信息（量子位）在两个相互分离的地址间瞬间移动的方法。目前光子的瞬时量子移动记录为143km，是在2012年取得的。

相关主题

光速　40页
狭义相对论　100页
阿尔伯特·爱因斯坦　97页

3秒钟人物

鲍里斯·波多尔斯基
1896—1966
美国物理学家

纳森·罗森
1909—1995
美国物理学家
这两人同与爱因斯坦发现了爱波罗悖论

约翰·斯图尔特·贝尔
1928—1990
北爱尔兰物理学家，发现了贝尔原理，让量子纠缠即时连接的存在性可被测试

本文作者

罗德里·埃文斯

测量到一个粒子的$+1/2$自旋，意味着我们立刻知道其他人能测量到一个$-1/2$的自旋，无论这两个粒子的距离有多远。

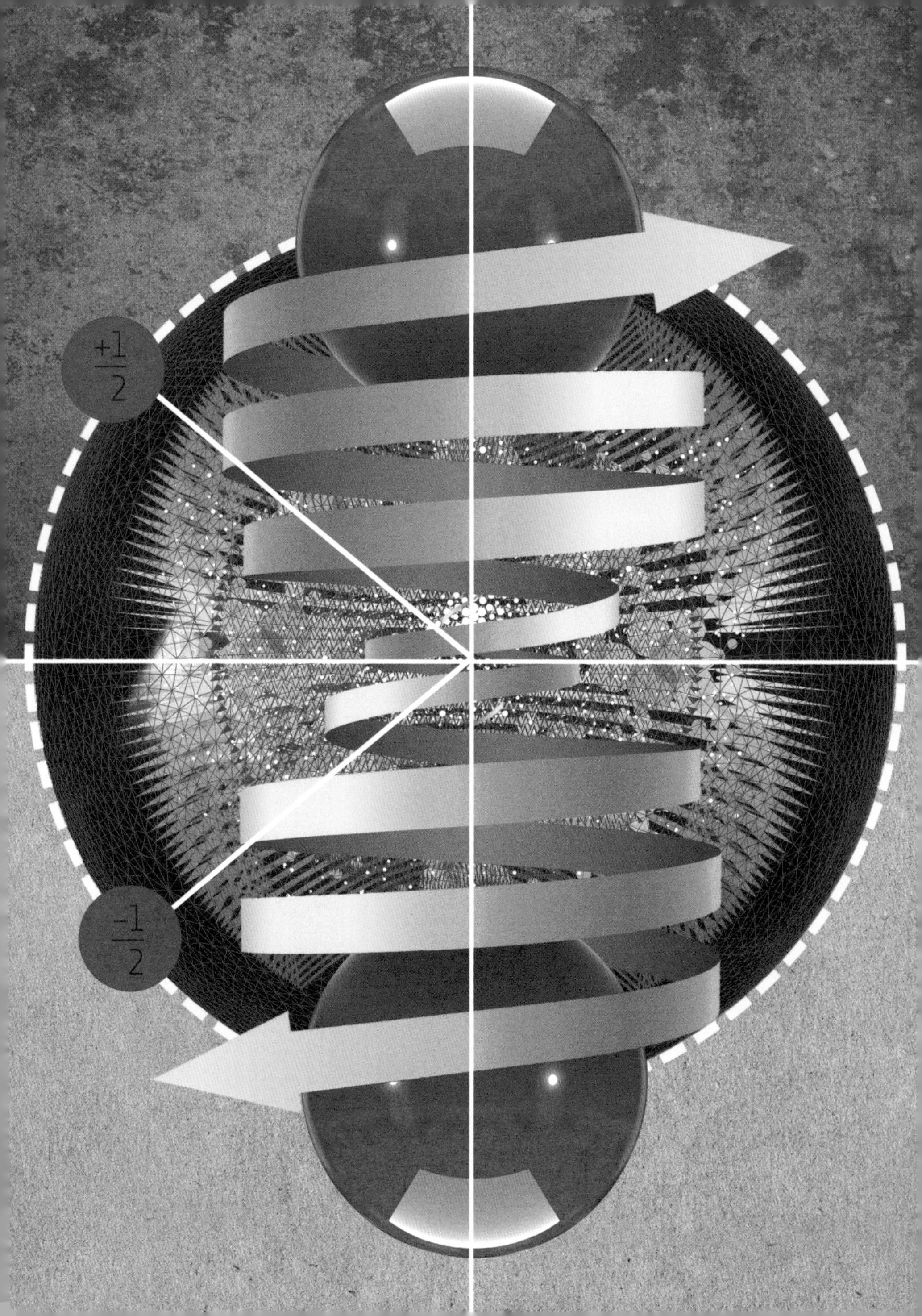

$\frac{+1}{2}$
$\frac{-1}{2}$

力

力

术语

电子瓦解　在原子核中，两种力互斥，即带正电的质子因电磁力互相排斥，而与其他质子和中子因强核力作用而互相吸引。因为这种强核力的作用距离很短，如果质子数量太多，质子间的排斥力会超过强核力，从而使原子核瓦解。

伽利略相对论　伽利略认为，说某种物体移动是不够的，还需要运动的参照物，也就是说运动是相对的。他假设有一艘以匀速运动的封闭的船，那么在该船内进行测量的结果，不可能与在静止的船内进行相同测量的结果有所不同。对这艘匀速运动的船内部的任何物体而言，船是不动的。只有船外的观察者看到船在运动。

广义相对论　爱因斯坦首先通过引入恒定光速扩展伽利略相对论得到了狭义相对论。之后他又将相对论扩展，涵盖了加速度和重力，形成了广义相对论。广义相对论认为重力是有质量的物体在时空中形成的弯曲。

中子　中性或不带电的基本量子粒子，其质量几乎不可测得，是在核反应中得到的。1930年人们预言了中子的存在，用以解释核反应中能量的损失，但因其与物质的相互作用甚微，所以直到1956年中子才被发现。每秒钟有数十亿个来自太阳的中微子穿过我们每个人的身体。

牛顿运动第一定律　也被称为惯性定律。其内容是物体将保持静止状态或匀速直线运动（即速率不变），直到外力迫使它改变运动状态。

介子　一种量子粒子，被称为π介子更为恰当。介子是由夸克和反夸克构成的。介子是不稳定的，在很短的时间内会发生衰变。介子会带电或不带电，带电的介子通常衰变为μ介子（类似重电子的基本粒子）和一个微中子，而不带电的介子则衰变为光子。

夸克 基本量子粒子，上夸克带2/3的电荷或下夸克带1/3的电荷。夸克有六种“味”，即上、下、粲、奇、顶和底。每三个夸克构成质子和中子，而每个夸克和一个反夸克构成另一种粒子即介子。

β（贝塔）衰变 原子核衰变的方式是中子转变为质子或质子转变为中子（通常朝向一种更稳定核结构演变）。贝塔衰变的结果是变成了另一种不同的元素，因为元素是由原子核中质子的数量确定的。在贝塔衰变中，原子核释放出一个中微子和一个正电子，或一个电子和一个反中微子。贝塔衰变首次被发现时，释放出的电子被称为贝塔射线（后来被称为贝塔粒子），以与被释放出的带正电的α（阿尔法）射线相区别。质子和中子间转化的原因是弱核力。

标量 一种物理量，仅具有数值大小，如质量（与矢量相对）。

时空 在狭义相对论中，不能将时间和空间单独处理，因为两者相互依赖。物理学家并未将时间和空间单独处理，而是研究时空的连续性，将时间作为第四个维度。

矢量 同时具有数值和方向的物理量称为矢量。例如，速度是由速率（标量）和这个速率的方向组成的。

力和加速度

30秒理论

牛顿第一运动定律也被称为惯性定律，该定律告诉人们要让一个物体动起来或者改变其运动速度（其速率或者运动方向），需要施加一个力。牛顿第二运动定律告诉人们施加的力是如何改变物体运动的——将施加在物体上的力同其加速度结合起来。在物理学中，加速度的意思是速度或方向变化或二者共同变化。牛顿告诉人们，产生的加速度等于施加的力除以物体的质量。这就是说，让一个重量较大的物体加速所需的力比让一个质量较轻的物体加速所需的力要大，这就是铰链式卡车比摩托车需要更强劲引擎的原因。让地球保持在围绕太阳的轨道中需要一个力，地球的运动轨迹并不是直线。牛顿意识到，这个力就是重力，也就是吸引苹果（甚至我们人类）落到地球的力。

3秒钟速览

为了使物体加速，我们需要施加力，但加速度的大小取决于物体的质量。

3分钟思考

重力是第一个被人们理解的自然力。牛顿的万有引力定律直到爱因斯坦的广义相对论出现才受到挑战，后者于1915年取代了前者。现在我们知道的另外三种力，即电磁力、强核力和弱核力，主宰了原子核。如何将这四种力统一到一个单独的理论是物理学众多未解的重大问题之一。

相关主题

电磁理论　68页
弱核力　76页
强核力　78页

3秒钟人物

伽利略·伽利雷
1564—1642
意大利自然哲学家，第一个提出惯性概念的人

约翰尼斯·开普勒
1571—1630
德国数学家，第一个认识到行星围绕太阳公转的轨道是椭圆形而非圆形的人

艾萨克·牛顿
1643—1727
英国物理学家，其著作《自然哲学的数学原理》为其后250年物理学的发展提供了数学框架

本文作者

罗德里·埃文斯

力除以质量得到加速度，加速度是速率或方向的改变。

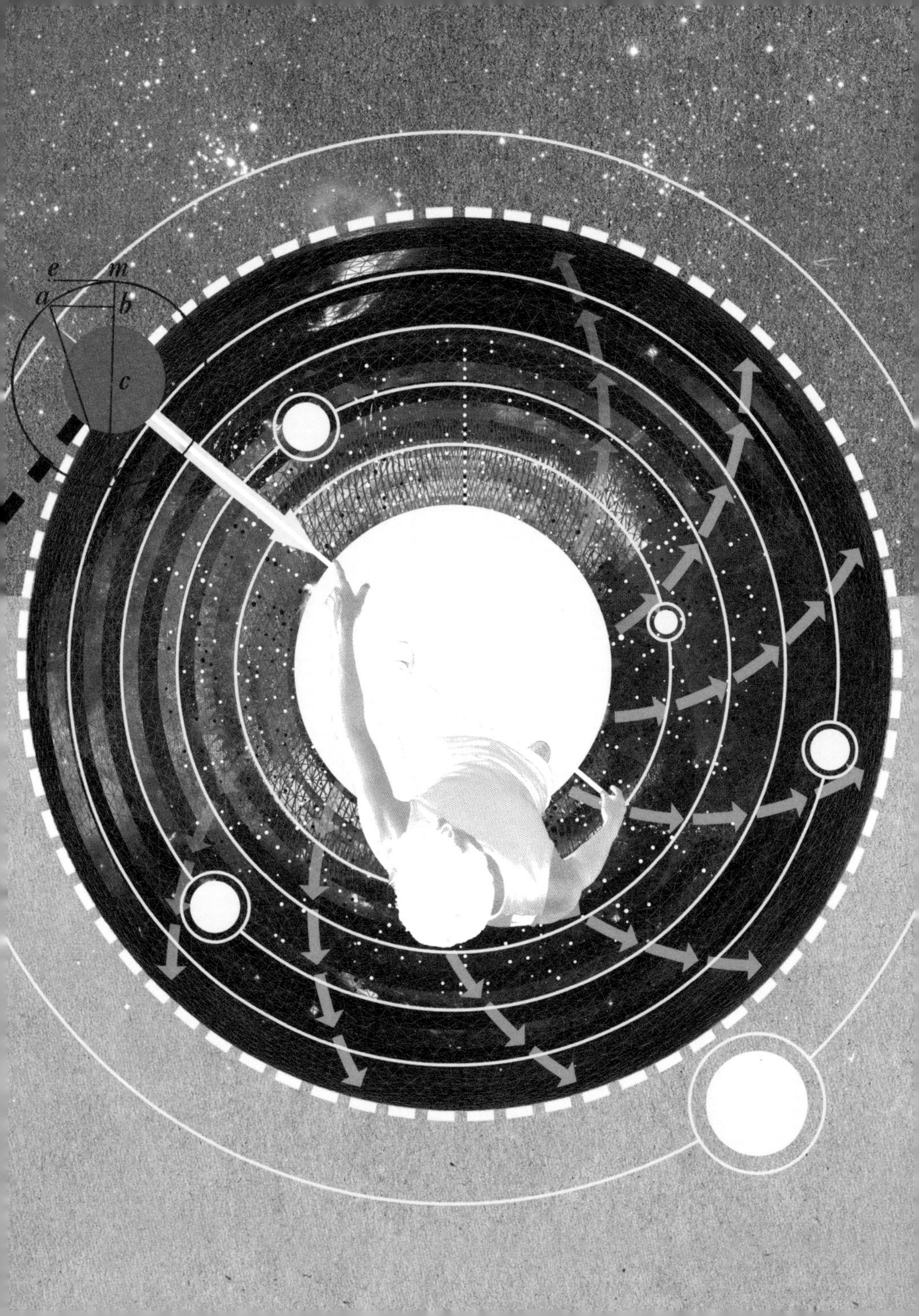
e
m
a
b
c

电磁理论

30秒理论

好几个世纪以来，人们已经知道磁体和带电物体可以相互吸引或排斥。1800年随着电池的发明，科学家开始研究电流的特性。电流其实就是电线中电荷的运动。安培展示了两根带电导线间互相吸引或者排斥，取决于电流的方向相同或者相反。奥斯特则展示了一根带电电线在其周围产生了环形磁场。法拉第进一步研究了这些现象，他还发现位于磁场中的带电导线可能会受力，后来他发现在磁场中运动的电线会在其内部产生感应电流。法拉第还提出磁场可以让光线发生弯折，导线中变化的电流会在其附近的导线中产生感应电流。19世纪60年代，麦克斯韦将所有这些现象综合起来，提出了他的电磁理论定律，这些定律将电和磁结合起来，解释了光的本质。

3秒钟速览

电、磁和光都是被称为电磁理论的现象的一部分，最早由麦克斯韦于19世纪60年代详细阐述。

3分钟思考

电磁理论是继重力之后，第二个被解释的自然力。这就是原子结合形成分子的原因，也是人坐在椅子上不会下沉穿过椅子的原因。电磁力比重力更加强大：一小块儿磁铁与电冰箱之间的力强大到可以克服整个地球将此磁铁向下拉的力。

相关主题

电磁波谱 24页
迈克尔·法拉第 35页
詹姆斯·克拉克·麦克斯韦 133页

3秒钟人物

安德烈·玛丽·安培
1775—1836
法国物理学家

迈克尔·法拉第
1791—1867
英国实验科学家，弄清并利用了电和磁之间的关系

本文作者

罗德里·埃文斯

詹姆斯·克拉克·麦克斯韦从数学的角度用公式描述了电磁理论。

Y
$\vec{B}$
$\vec{E}$
Z

重力

30秒理论

3秒钟速览

牛顿是第一个描述重力的人，在大多数情况下他的理论是成立的，但是爱因斯坦在1915年用自己的新理论取代了牛顿定律。新理论认为重力是时空弯折的产物。

3分钟思考

重力是自然界四种力之一，其他三种分别为电磁力、强核力和弱核力。广义相对论目前与将后三种力结合在一起的理论是不相容的，而物理学的“圣杯”之一就是形成将重力和其他力统一起来的理论。可能成为物理学“圣杯”的理论还有弦理论、量子引力和M理论。

公元前4世纪时，亚里士多德说物体降落的原因是元素土和元素水试图成为宇宙的中心。约2000年后的17世纪晚期，牛顿推翻了亚里士多德的看法，牛顿认为让苹果落到地面的力同让月球保持在其轨道的力是相同的。他描述了“万有引力”是如何在任何两个物体之间作用的。万有引力的大小等于这两个物体质量的乘积除以它们之间距离的平方。牛顿万有引力定律取得了巨大的成功。利用这个定律，科学家们根据天王星轨道的异常可预测未被发现的行星（海王星）的位置。该定律也让人们能在数亿千米以外的彗星上降落探测器。1915年，爱因斯坦发表了关于重力的惊世骇俗的新理论，即广义相对论，因为他意识到牛顿万有引力定律违反了自己狭义相对论的原则。广义相对论用完全不同的方式来描述重力，即重力是时空的弯折。物体质量反映了时空弯折的程度，且质量更大的物体在时空中产生更大的弯折。因为这种弯折现象，即使是光也因重力而出现弯折，这是我们观察一些非常遥远的星系时出现的效应。

相关主题

电磁理论　68页
弱核力　76页
强核力　78页

3秒钟人物

亚里士多德
前384—前322
古希腊哲学家

阿尔伯特·爱因斯坦
1879—1955
德国出生的物理学家，1921年获诺贝尔物理学奖

吉普·索恩
1940—
美国物理学家，应当是目前仍在世的最重要的广义相对论专家之一

本文作者

罗德里·埃文斯

地球自身在时空中产生弯折。重力则让来自遥远恒星的光发生弯折。

轨道和向心力

30秒理论

如果运动的物体受到与其运动方向同向的外力，会使物体加速；但如受到与其运动方向垂直的力，则对物体速率并无影响，仅对其运动方向产生影响。如果该外力的大小保持不变，并时时与运动方向垂直，就形成了圆形的运行轨道，而外力指向轨道的圆心，这样的力就称为向心力（centripetal）。向心力一词来源于拉丁语“寻找中心”。运动中的向心力最让人熟悉的例子就是一个人拽住绳子的一端旋转，而绳子的另一端系着一个重量不大的物体。围绕地球旋转的卫星或者围绕太阳旋转的行星也遵循同样的原则，在这些例子中，向心力是由重力提供的。在轨的卫星处于自由落体状态，但其向侧向的运动足以保证卫星不会撞向地球。因为同一个物体重力取决于距离，在每种直径仅有一种速率保证形成圆形轨道。如果在轨旋转的物体其速度不同于在某种高度上的恰当速度，该物体将沿椭圆轨道而非圆形轨道运动。这仍然是向心力的一种结果，但它沿着轨道运动时向心力大小不同，并非保持恒定。

3秒钟速览

向心力将移动的物体拉向轨道圆心，从而让该物体保持在其轨道上。这个物体处于自由落体状态，但垂直方向的运动让物体不会坠向轨道圆心。

3分钟思考

对于顺时针做环形运动的汽车来说，向心力位于车的右方，但驾驶员却感到向左的力，即力的方向是向外而不是向内。这种明显的离心（离开中心的）力出现的原因，用相对论的语言来表达，就是驾驶员处在非惯性框架中，非惯性框架处于旋转状态而非匀速直线运动状态。

相关主题

力和加速度　66页
重力　70页
伽利略相对论　90页

3秒钟人物

克里斯蒂安·惠更斯
1629—1695
荷兰科学家，提出了“向心力”及其数学公式

艾萨克·牛顿
1643—1727
提出了向心力的概念，与离心力相对应，并提出如何用向心力解释行星的轨道

本文作者

安德鲁·梅

须精确计算和维持卫星的速度和运行高度，以保证卫星在围绕地球的圆形轨道中运动。

1643年1月4日
出生于英国林肯郡伍尔索普庄园

1661年
成为剑桥大学三一学院学生

1665年
回到伍尔索普待了18个月，开始思考重力

1667年
被任命为三一学院院士

1669年
成为卢卡斯数学教授

1671年
向英国皇家学会展示反射式望远镜

1672年
被选为英国皇家学会院士

1687年
出版《自然哲学的数学原理》

1696年
移居到伦敦，成为英国皇家铸币厂的监管

1700年
成为英国皇家铸币厂负责人

1703年
成为英国皇家学会会长

1704年
出版《光学》

1705年
被安妮女王封为爵士

1727年3月31日
在伦敦附近的肯辛顿去世

人物传略：艾萨克·牛顿

ISAAC NEWTON

艾萨克·牛顿出生于英国林肯郡乡下的一个农场。如果不是有一位读过书的叔叔和一位赏识其学术潜力的学校老师，牛顿最多只能在农场接父亲的班。他的叔叔和老师让他去剑桥大学上学，牛顿于1661年在那里开始学业生涯；于1665年毕业。而学校因担心瘟疫而被关闭，他被迫回到家乡度过了悠长的假期。他随身携带着“工作”，也就是学生时期各种让他感到着迷的科学问题。尽管在那时他未发表任何学术成果，他还是为自己的伟大发现做了一些基础性工作，并经历了苹果落地这一著名的事件。

牛顿于1667年回到剑桥大学，很快他给自己设定了建造新型望远镜的任务。这种望远镜将使用镜面而不是透镜，这在技术上和科学上都是挑战，结果影响极其深远，他被位于伦敦的英国皇家学会的顶级科学家们所关注。1672年牛顿成为该学会的院士，在短期内他成为科学界谈论的话题。但不幸的是，牛顿不太能容忍批评，不久他就选择不再进行科学演讲。他仅仅在17世纪80年代重回学术争论圈，这在很大程度上是因为埃德蒙·哈雷的努力，那时候后者正在试图提出行星轨道的数学理论。有了哈雷的鼓励，牛顿成功使用万有引力的概念提出了行星轨道的数学理论，他在《自然哲学的数学原理》（以下简称《原理》）一书中对该理论进行了详细介绍。

《原理》一书是第一次系统性地用数学术语解释一系列物理现象的尝试，为牛顿获得了全英国最聪明科学家的名誉。1696年他被授予皇家铸币厂监管的名誉职位，四年后他甚至被提拔到有利可图的铸币厂负责人的职位。他的第二本著作《光学》于1704年出版，但绝大部分的工作是数十年前进行的。牛顿于1705年被授予爵士头衔，1727年去世，享年84岁。

弱核力

30秒理论

弱核力是四种基本力（其他三种分别是电磁力、强核力和重力）之一，负责改变基本粒子的身份（例如在贝塔衰变中），在太阳内部将氢元素转变为氦元素。弱核力之所以被认为“弱”，是因为它比这些粒子中的电磁力要微弱得多。弱核力力量小确保了太阳几乎不保持燃烧状态。如果弱核力和电磁力的力量相同，则早在地球进化出生物之前，太阳就已经燃烧完毕。弱核力由W或Z玻色子传递，玻色子比氢原子约重90倍，但与量子电动力学的光子差不多。正是让W或Z玻色子出现的大量能量让低能量的弱核力变得更低。但在更高的能量状态时，与宇宙大爆炸一开始的情况相似，弱核力不再能量低下，而是与电磁力结合形成电弱力。中微子不受强核力或电磁力影响，因此是探测弱核力的有用工具。

3秒钟速览

弱核力是改变粒子身份的基本力。弱核力导致贝塔衰变，让太阳产生聚变反应。

3分钟思考

弱核力是分左右的，因为镜子中看到的一些反应不能在真实世界中出现。例如中微子是由弱核力产生的，常常仅在一个手性（sense）上自旋，（称为“左手性”），而反中微子是“右手性”的。占据宇宙的暗物质可能是由大量仅有弱核力和重力的粒子（WIMPs）所构成的。

相关主题

光子　28页
量子电动力学　56页
强核力　78页

3秒钟人物

杨振宁
1922—
李政道
1926—
这两位华人物理学家，因提出弱相互作用中宇称不守恒定律获得1957年诺贝尔物理学奖

本文作者

弗兰克·克劳斯

在贝塔衰变中，中子变为仍留在原子核中的质子和变成贝塔粒子并离开原子核的电子。

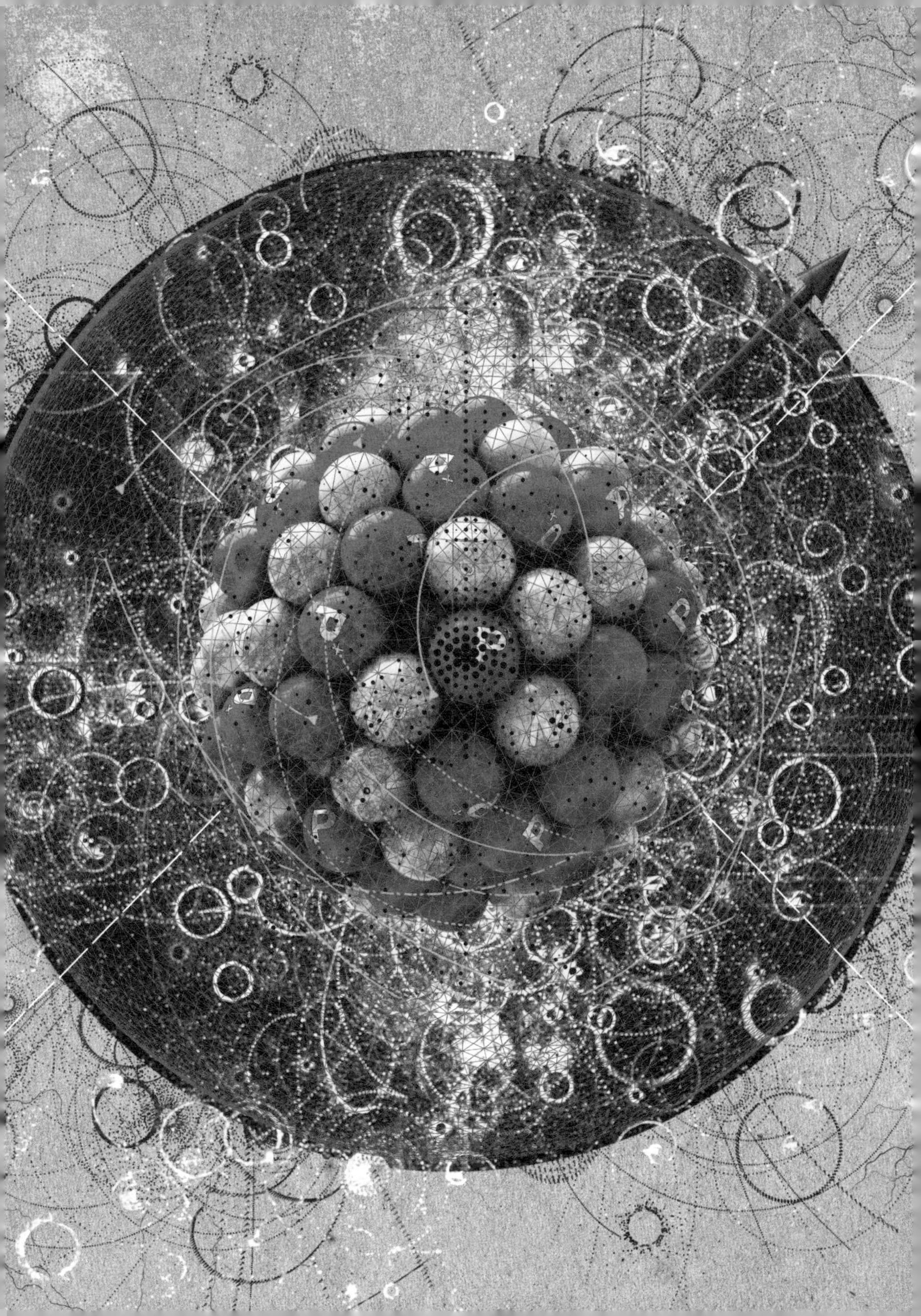

强核力

30秒理论

强核力是四种基本力之一，其他三种分别是电磁力、弱核力和重力。强核力将夸克和（或）反夸克束缚在一起形成强子（相互强影响的粒子，如质子和中子），并将强子束缚在一起形成原子核。如果没有强吸引力，原子核中质子间的电斥力将使原子核分崩离析。中子和质子间的吸引力与中子或质子各自同类吸引力是相同的。在原子核内，组成成分距离很近，这种强吸引力是电斥力的100倍以上。但能以此种方式存在的质子数量是有上限的。任何一个单独的质子，吸引力仅存在于它和紧邻的质子之间，但库仑斥力却作用于整个质子群上。在一个原子核中，这种库仑斥力可以超过小范围的强吸引力，使原子核不能存在下去。强吸引力和库仑斥力的相互作用决定了质子和中子不同组合的相对稳定性。原子核追求稳定，调整中子和质子比例的一种方法就是弱核力产生的贝塔衰变。

3秒钟速览

如果没有中子和质子间的强吸引力，原子核不可能存在。

3分钟思考

原子的电动力是化学能和爆炸的能量来源。原子核的强力是核电和核武器的来源。大统一理论假定强核力、弱核力和电磁力是统一力的三个方面，在宇宙大爆炸的余波中出现，可能在比目前实验可及的能量级别还要高的能量级出现。

相关主题

光子　28页
量子电动力学　56页
弱核力　76页

3秒钟人物

欧内斯特·卢瑟福
1871—1937
新西兰出生的物理学家，在事实上发现了质子

詹姆斯·查德威克
1891—1974
英国物理学家，发现了中子

汤川秀树
1907—1981
日本物理学家，预测强核力产生自介子交换

本文作者

弗兰克·克劳斯

强核力是由氢弹爆炸产生的。强核力也为行星运动提供了动力。

场还是粒子

30秒理论

自然界的各种力通常使用场理论来描述，场是时空中数值随位置改变而改变的一切事物。地球海平面之上的高度提供了一个场的二维景象。地球上任何点都有高度，而我们可以在地图上画场线（如等值线）来代表具有相应数值的位置。改变一个物体在场中的数值涉及能量的改变（例如，将一个物体从山脚移动到山顶）。与之类似的是，像电磁力这样的基本力，可被认为是在整个时空中发生改变的场的结果。在时空这个四维环境中任何点都具有数值，但场不是唯一的方法，力也可以被认为是物质粒子间交换“载体”粒子的结果。因此，电磁现象可以被认为是光子（电磁载体粒子）交换的结果。胶子的情况也是这样，当W和Z介子出现在弱核力中时，没有质量的介子产生了强力。重力可能涉及同样的粒子即引力子，而广义相对论则采用与之不同的几何方法。

3秒钟速览

基本力可被认为是在时空中延伸的场或是“携带力的”粒子的变化结果。

3分钟思考

理查德·费曼说，“我想强调的是，光（电磁的携带者）以粒子的形式出现”；而史蒂文·温伯格则说，“宇宙的居住者被认为是一系列的场，而粒子仅仅是附产品”。实际上，场和粒子有助于预测基本力的结果，每种力在某些情况下都更有用。场和粒子都是模型，没有哪一种是“真正”存在的。

相关主题

电磁理论 68页

弱核力 76页

强核力 78页

3秒钟人物

理查德·费曼

1918—1988

美国物理学家，其费曼图展示了携带电磁力的光子的角色

史蒂芬·温伯格

1933—2021

美国物理学家，提出电磁力和弱核力可以统一

本文作者

布莱恩·克莱格

有了场的理论，物理学家可以画“图”来展现电磁力。但将电磁力想象为粒子也是有助理解。

e^-
γ
$\bar{q}$
e^+
q

运动

运动
术语

加速度 速度改变的程度。在物理学中，加速度包含速度增加（加速度为正值）和速度减小（加速度为负值，在物理学外被称为减速度）。因为速度是矢量，加速度可以是速率的改变和（或）方向的改变。

化学键 分子中两个原子（或更确切地说原子内部两个亚原子粒子）间将原子束缚在一起的电磁吸引力。强一些的共价键在原子间共享电子，而弱一些的离子键是由带正电荷的离子（失去一个或多个电子的原子）与一个带负电荷的离子（得到一个或多个电子的原子）之间的电磁力产生的。

氢键 相对带正电荷的氢原子被相对带负电荷的原子吸引结合时形成的一种特殊的两原子间的电磁引力。最著名的氢键存在于水的氢原子和氧原子间。氢键对物质的物理特性有相当大的影响。没有氢键，水的沸点可能会是约-100℃。

惯性 有质量的物体抵抗其速度变化的倾向性，即需要外力使物体加速或减速。

动能 物体由于其运动而具有的能量。动能与物体的质量成正比，与速率的平方成正比。速度增加一倍，则动能增大三倍。

动量 在经典物理学中为物体的质量乘以其速度。在量子物理学中，动量是普朗克常量除以量子粒子的波长。适用于有质量的物体和没有质量的物体（如光子）。

牛顿第一运动定律　也被称为惯性定律。该定律的内容为，物体将保持静止状态或匀速直线运动（即速率恒定），除非有外力施加在这个物体上。

牛顿第二运动定律　最初的表达方式是运动的改变与施加的力成正比，方向为所施加的力的方向。现在简化为$F=ma$，其中F是施加的力，m是被施加力的物体的质量，a是产生的加速度，即物体速度的变化率。

牛顿第三运动定律　通常表述为“每种力都有大小相同、方向相反的反作用力”。其结果就是，如果你推动一个物体，该物体也反推你，类似于枪的反弹或飞行中的火箭发动机中燃料燃烧产生的向后的力在火箭上产生方向向前的力。这就是火箭可以在真空中飞行而无须外力推进的原因。

标量　只具有数值（如质量）的物理量就是标量（与矢量相对）。

范德瓦尔斯力　分子间的电磁引力或斥力，不含因化学键和氢键产生的强核力。

矢量　具有数值和方向的物理量。

速度　矢量，由物体运动的速率和方向所构成。

运动、速率和速度

30秒理论

物体的速率是该物体相对其他被任意认定为“固定”点而言运动快慢的数值度量。物体在一定时间内运动的距离除以该时间即为速率，结果表示为长度除以时间，例如米/秒或英里/时。以数学术语表示，速率是一个标量，由单一数值表示。速度则是有大小和方向的矢量。速度的大小就是速率，而速度的方向是某特定位置的运动方向。放弃标量而采用矢量在动力学中很重要，因为动力学解决了物体因受力其运动发生变化的运动方式。与速度类似，力也是矢量。如果施加的力的方向与物体运动速度方向相同，其结果就是速度增加而方向不变。如施加的力与速度成一个角度，就会产生方向和速率的变化。牛顿第二定律告诉我们，加速度与施加的力成正比，“加速度”意味着速度的整体变化，即包含方向和速率。

3秒钟速览

速率衡量的是物体移动的快慢。速度衡量的不仅是移动的快慢，还有移动的方向。

3分钟思考

为分析运动，现代物理学家使用微分和积分方程等数学方法将运动划分为无限小的区段。在这些方法被发明前，运动甚至让世界上最伟大的思想家也感到困惑。古希腊哲学家齐诺所属的学派认为，任何变化都是幻想。齐诺提出了一些悖论，这些悖论表明运动是不可能的。

相关主题

力和加速度 66页
伽利略相对论 90页
牛顿定律 92页

3秒钟人物

齐诺
前490—前430
古希腊哲学家，提出了各种悖论，认为运动是不可能的

伽利略·伽利雷
1564—1642
意大利自然哲学家，在物体运动方面进行了实验

艾萨克·牛顿
1643—1727
英国物理学家，将其三个运动定律的动力学原理公式化

本文作者

安德鲁·梅

速率是单位时间内移动的距离，例如1千米/时，但速度还包括方向。

动量和惯性

30秒理论

3秒钟速览

质量乘以速率得到动量。封闭系统的总动量从来不会发生变化，即一个被隔离的物体将保持状态不变。

3分钟思考

动量公式中的质量被称为“惯性质量”，因为它决定了物体的惯性。在经典物理学中，这与牛顿重力公式中的“重力质量”不同。但这两种数值是一样的，尚无实验能区分二者。

物体的动量被定义为其速率乘以其质量。封闭系统中，动量是不变的数值，或者说动量保持不变。当一些物体相互作用时，它们之间可交换动量，但动量之和保持不变。由于动量守恒，不与周围环境相互作用的物体将一直保持其目前的运动状态。如果物体是静止的，该物体将一直保持静止；如果该物体是运动的，则其将一直以恒定的速度保持运动。这种对变化的抵抗被称为惯性原则，是牛顿第一运动定律的基础。牛顿第二运动定律表示，当外力作用在物体上时，单位时间内动量改变的大小与施加的力成正比的。由于动量是质量和速率之积，速率为定值时所需要的力与物体的质量成正比。也就是说，物体的质量越大，其惯性越大。

相关主题

质量　6页
力和加速度　66页
重力　70页

3秒钟人物

伽利略·伽利雷
1564—1642
意大利自然哲学家，发现了惯性原理

勒奈·笛卡尔
1596—1650
法国哲学家，提出了惯性守恒定律的早期形式

艾萨克·牛顿
1643—1727
英国物理学家，将惯性和动量原理公式化

本文作者

安德鲁·梅

撞击球台上的白球，将其动量转移给其他球，可将这些球分开。

2
4
8
5

伽利略相对论

30秒理论

当伽利略认为地球围绕太阳旋转时，其反对者的一个主要反对理由就是我们并未感觉到地球在运动。伽利略考虑了这一点，并意识到所有的运动都是相对的。伽利略说，如果我们做匀速直线运动，那么就没有能够确定我们是在运动还是处于静止的力学实验存在。静水中航行的船的桅杆上掉落的物体将落在桅杆底部的甲板上，就好像船处于静止状态。在船上来回摆的钟摆，无论船处于运动还是静止状态，摆动的速度相同。当我们乘火车或者飞机时，只要没有加速度，我们面前杯中水的表面就会十分光滑，物体也不会在周围运动。事实上，当我们坐在扶手椅中时，地球正以约107 244千米/时的速度绕太阳转动，太阳也围绕着银河系的中心以约708 000千米/时的速度快速转动。

3秒钟速览

所有的运动都是相对的。当你坐在扶手椅中时，其实你正在以超过70万千米/时的速度在宇宙空间中快速穿过。

3分钟思考

在伽利略相对论中，我们仅简单地将两个速率相加。如果你坐在时速为100千米的火车车厢中，以10千米/时的速度向行车方向滚动一个球，位于站台上的某人将测得这个球的速率为110千米/时。但这仅仅在我们的运动速度与光速相比非常小时才成立。当我们接近光速时，我们不能简单地将速率相加。

相关主题

光速　40页

狭义相对论　100页

3秒钟人物

伽利略·伽利雷

1564—1642

意大利自然哲学家，首个发现所有运动都有相对性的人

阿尔伯特·麦克尔森

1852—1931

美国物理学家，尝试通过苍穹测量地球的运动

阿尔伯特·爱因斯坦

1879—1955

德国出生的物理学家，将伽利略相对论进行拓展，包含各种与光相关的实验

本文作者

罗德里·埃文斯

即使你（和地球一起）在宇宙空间中快速移动，你也感觉好像坐着没动。这好似一种小魔术。

牛顿定律

30秒理论

3秒钟速览

对物体施加力会改变其运动，而该物体自身同时也在相反方向上施加大小相反的力。

3分钟思考

尽管牛顿的运动定律看起来一目了然，很简单，但事实上它也适用于复杂的火箭科学。远离重力场的宇宙飞船在其火箭发动机关闭后将永远匀速航行下去。当火箭发动机工作时，引擎以更大的动量将飞船向前推，这些额外动量产生的原因是从火箭尾部喷出的尾气具有大小相同、方向相反的动量。

牛顿三大运动定律第一次以书面形式出现在1687年牛顿出版的著作《自然哲学的数学原理》的篇首。牛顿第一运动定律简单叙述了惯性定律的原则，即一个物体将保持静止或恒定运动，除非有外力施加在该物体上。牛顿第二运动定律则继续描述被施加外力时，物体是如何改变其运动的，即物体动量在单位时间内的改变等于施加的力。由于动量是质量和速率的乘积，牛顿第二运动定律指出对于一个质量恒定为m的物体，外力F和导致的加速度a是由$F=ma$这一著名公式联系起来的。至于牛顿运动第三定律，通常表述为“对于每一个力，都有与其大小相等、方向相反的力”。也就是说，如果物体A在物体B上施加一个力，则物体B也在物体A上施加了同样大小的力，只是这两个力的方向是相反的。三个定律可以被看作动量守恒定律的结果。

相关主题

力和加速度　66页
运动、速率和速度　86页
动量和惯性　88页

3秒钟人物

伽利略·伽利雷
1564—1642
意大利科学家，在牛顿运动定律出现前提出了类似的思想

艾萨克·牛顿
1643—1727
英国物理学家，于1687年发表了三大运动定律

艾德蒙·哈雷
1656—1742
英国天文学家和数学家，他亲自出版了牛顿的《自然哲学的数学原理》

本文作者

安德鲁·梅

火箭发动机增加的动量与喷出气体的动量大小相等，方向相反。

F=ma
F=ma

摩擦力

30秒理论

我们要感谢摩擦力的存在。如果没有摩擦力阻碍两个物体在表面间或两层物体间滑动，建筑物可能会坍塌，游泳、驾驶甚至走路都可能会变成不可能的事情。另一方面，摩擦力也是一桩烦恼的事情。摩擦力让机械设备效能低下，让船舶和飞机慢下来，并最终导致从齿轮到关节的活动部件出现磨损和失效。摩擦力在很大程度上是由紧密接触的两个物体间的吸引力所致，尤其是原子和分子中不太有力的电子云间产生的排斥力，即我们所称的范德瓦尔斯力。这些排斥力仅在几个纳米的超短距离时才会发生。但在大的接触面上，摩擦力会聚集起来形成不小的力，壁虎具有粘性的脚就利用了这个原理。除了静力，摩擦力也因相对运动而动态地产生。因此，动态摩擦力部分由原子间的吸引力产生，但也能因物体表面上非常小的凸起之间的互锁或碰撞而产生。摩擦力将一些滑动的动能转变为热能，这就是双手摩擦生热的原因。微小凸起的碰撞和热的扩散会损害两个相对滑动的物体表面。

3秒钟速览

摩擦力是阻碍物体表面相对运动并最终将动能转变为热能的一种力。

3分钟思考

令人称奇的是，干摩擦力并不取决于互相接触的表面积。原因是即使是看上去非常光滑的表面间也没有多少真正的接触。物体表面非常微小的粗糙让两个表面分开而仅在少数地方贴合。当接触面变得更为紧密时，摩擦力增大，这就是又软又粘的黏合剂能将物件粘在墙上的原因。

相关主题

力和加速度 66页
动能 110页
热 126页

3秒钟人物

纪尧姆·阿蒙顿
1663—1705
法国发明家，发现了干摩擦定律

戴维·泰伯
1913—2005
英国物理学家，开启了现代摩擦学研究

本文作者

菲利普·波尔

由于所有物体在超短距离上都存在弱电动作用，所以它们之间的相对运动受到摩擦力的抵抗。

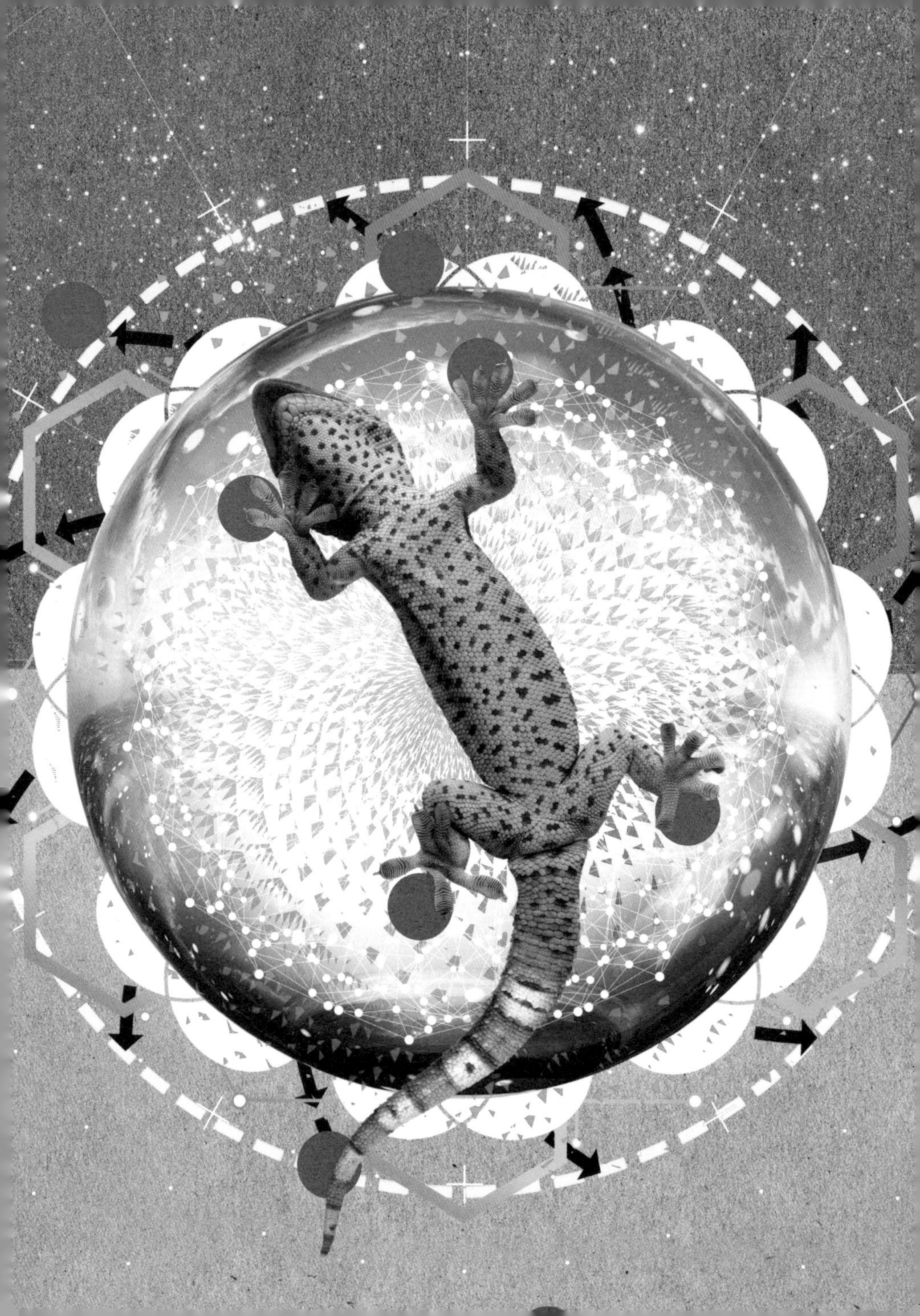

1879年3月14日
出生于德国乌尔姆

1885年
开始在慕尼黑接受教育

1895年
离开德国，前往瑞士

1900年
从苏黎世联邦理工大学获得第一个学位

1902年
开始在瑞士专利局工作

1905年
发表了多篇重要的科学论文，包括关于相对论的论文

1906年
被苏黎世大学授予博士学位

1909年
成为苏黎世大学物理系副教授

1911年
前往布拉格大学

1912年
回到苏黎世，成为苏黎世理工大学教授

1914年
在柏林获得永久教授职位

1915年
发表广义相对论

1919年
相对论成为仅次于亚瑟·爱丁顿日食考察的头条新闻

1921年
获得诺贝尔物理学奖

1933年
前往位于美国新泽西州的普林斯顿大学高级研究院

1939年
向美国总统罗斯福警示原子武器的军事潜力

1955年4月18日
在新泽西州的普林斯顿去世

人物传略：阿尔伯特·爱因斯坦

ALBERT EINSTEIN

1880年，阿尔伯特·爱因斯坦只有一岁，他的家人移居到慕尼黑，在那里他的父亲和叔叔做起了电气生意。在整个孩提时代，爱因斯坦是一个饥渴的学习者，但他痛恨学校教授课程的方式。1894年，他的家庭转移到意大利，15岁的爱因斯坦被迫一个人留在慕尼黑，郁郁不乐。一年不到他就离开了学校，放弃了德国国籍，来到瑞士，他的心思都放在了在苏黎世理工学院学习物理上。到了1896年，在比通常进入大学的年纪都要小的17岁，他就通过了大学入学考试。但不幸的是，就像在大学前教育一样，他也被苏黎世理工大学的教育方式所激怒，他常常跟教师起冲突。这让爱因斯坦在1900年毕业后发现找不到学术工作。

在寻觅差不多两年后，他能找到的最好的工作是位于伯尔尼的瑞士专利局“三等技术专家”的职位。他在那里工作了七年，让人震惊的是，爱因斯坦一些最重要的科学成果是在这个时期做出的。当他坐在办公桌后等着专利申请提交过来时，有很多机会让他对当时主要的科学问题进行深入的理论思考。仅在1905年，他就发表了至少四篇独创性的论文，分别关于量子理论、分子动力学、相对论以及他最著名的公式$E=mc^2$。事实上这些论文极具革命性，科学界并未很快意识到其重要性。直到1909年，他才在苏黎世大学获得了全职的学术职位。此后他又获得更为显赫的职位，最终于1914年获得了全职教授的职位。

次年，爱因斯坦完成了其代表成就广义相对论的最后一部分。广义相对论是关于重力的一种新理论，取代了牛顿的理论。一项根据爱因斯坦理论做出的新预测被英国天文学家亚瑟·爱丁顿在1919年的日食中证实。这件事情让爱因斯坦获得了终其后半生一直享有的国际名人的地位。他曾多次访问美国，到了1933年，他便搬到了美国。他接受了刚刚成立的普林斯顿大学高级研究院的职位，并一直居住在那里，直至1955年在此去世。

安德鲁·梅

流体力学

30秒理论

海洋和大气的循环，水沿水管向下流动，烟在空气中打转，钢水在地心中搅动，所有这些都是由流体力学理论来描述的。该理论又因为与水长久以来的联系，也被称为水力学。流体力学闻名的原因是它是科学中最艰深的问题之一，这并非因为基础物理学难懂，而是因为流体力学方程式常常很难解答。这些方程称为纳维尔—斯托克斯方程，最早于19世纪提出。它们将牛顿运动第二定律应用于液体的各个部位，根据施加于流体上的力，描述流体是如何运动的，也就是流体中所有点处的速度、压力、温度和密度是如何相关联的。除了对于某些特别简单的流体，流体力学方程式可以被解出来，通常用纸和笔解方程是非常难解的，因为流体的各个部位互相影响。这些方程通常是由计算机来进行数值解答，即对流体的正确形态进行估计，并对其进行精确计算。流体为湍流时，比如被用力推进时，运动是非常复杂的。理查德·费曼将湍流称为“经典物理学中最重要的未解问题”。

3秒钟速览

流体力学描述流体移动和流动的方式，是由基本运动理论衍生而来。

3分钟思考

当流体为湍流时，其运动是典型无序的，说明流体在某时点之外无法预测。某一时点的小扰动因太小以至于观察不到，但可能变大以至于在未来改变整个流动方式。这是天气预报无法进行十日以上预报的原因。无论数据多完善，计算机多先进，混沌使得十日之后的天气变得不可知。

相关主题

液体 10页
力和加速度 66页
牛顿定律 92页

3秒钟人物

丹尼尔·伯努利
1700—1782
瑞士数学家，撰写了最早关于水力学的书籍

乔治·加布里埃尔·斯托克斯
1819—1903
英国数学物理学家，建立了流体运动的基本准则

奥斯本·雷诺
1842—1912
北爱尔兰物理学家，他解释了从平稳流到紊流的变化

本文作者

菲利普·波尔

描述各种运动，从地心里的运动到海洋与大气的相互作用，用到的公式让人望而生畏。

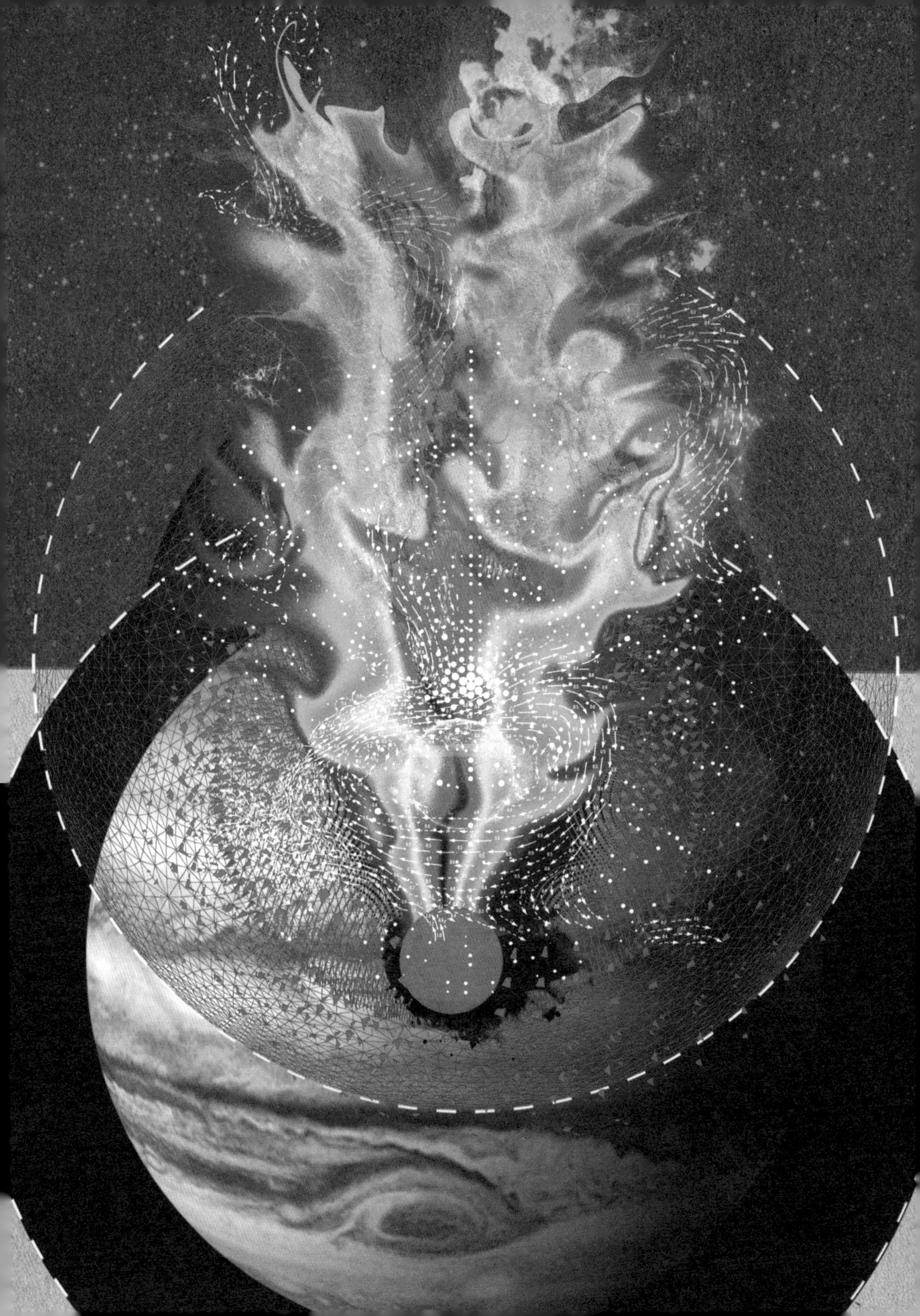

狭义相对论

30秒理论

伽利略关于狭义相对论的最早版本是这样说的：在一个封闭、无窗的空间里，是无法将匀速运动和静止区别开来的。19世纪晚期，随着电磁理论的发展，一些物理学家认为光的实验可能会证明伽利略是错的。这种可能性让爱因斯坦犯了难，1905年他撰写了划时代的论文，将光引入到相对论的场景中。光以一定的速度运动以支持其电和磁的相互作用。爱因斯坦认为，这表明真空中的光速保持不变，无论你靠近或远离光的速度有多快。上述两种说法的结果都是影响深远的，时间和空间都不再是绝对的。以不同速度运动的观察者对同一根尺子长度的观测值不同，而一秒钟的时间看上去也不同，它们都取决于观测者移动的速度。如观测者的速度接近光速，时间将会变慢。这个理论也得出了可能是物理学中最著名的方程式$E=mc^2$（E是能量，m是质量，c是光速），这告诉我们质量是能量的一种聚集形式。狭义相对论还告诉我们光速是宇宙速度的上限，没有任何物质的速度可以超过光速。

3秒钟速览

爱因斯坦认为光速对每个观测者都是一样的。也就是说，当我们接近光速时，距离缩短，时间拉长。

3分钟思考

我将自己的孪生兄弟留在地球上，自己乘坐时空机遨游五年，回来后发现孪生兄弟比我大了20岁。由于时间被拉长，从理论上讲这是有可能的。我们在粒子加速器中看到时间拉长的现象，但在我们自身的生活中，运动的速度与光速相比很小，以至于狭义相对论可被忽略。

相关主题

光速　40页
电磁理论　68页
伽利略相对论　90页

3秒钟人物

亨德里克·安东·洛伦兹
1853—1928
荷兰理论物理学家，他的变形公式是狭义相对论基础的一部分

亨利·庞加莱
1854—1912
法国数学家、理论物理学家和哲学家

阿尔伯特·爱因斯坦
1879—1955
德国出生的理论物理学家，他颠覆了人们对空间、时间和重力的理解

本文作者

罗德里·埃文斯

通过爱因斯坦著名的方程式，我们就能明白质量是能量的一种形式。

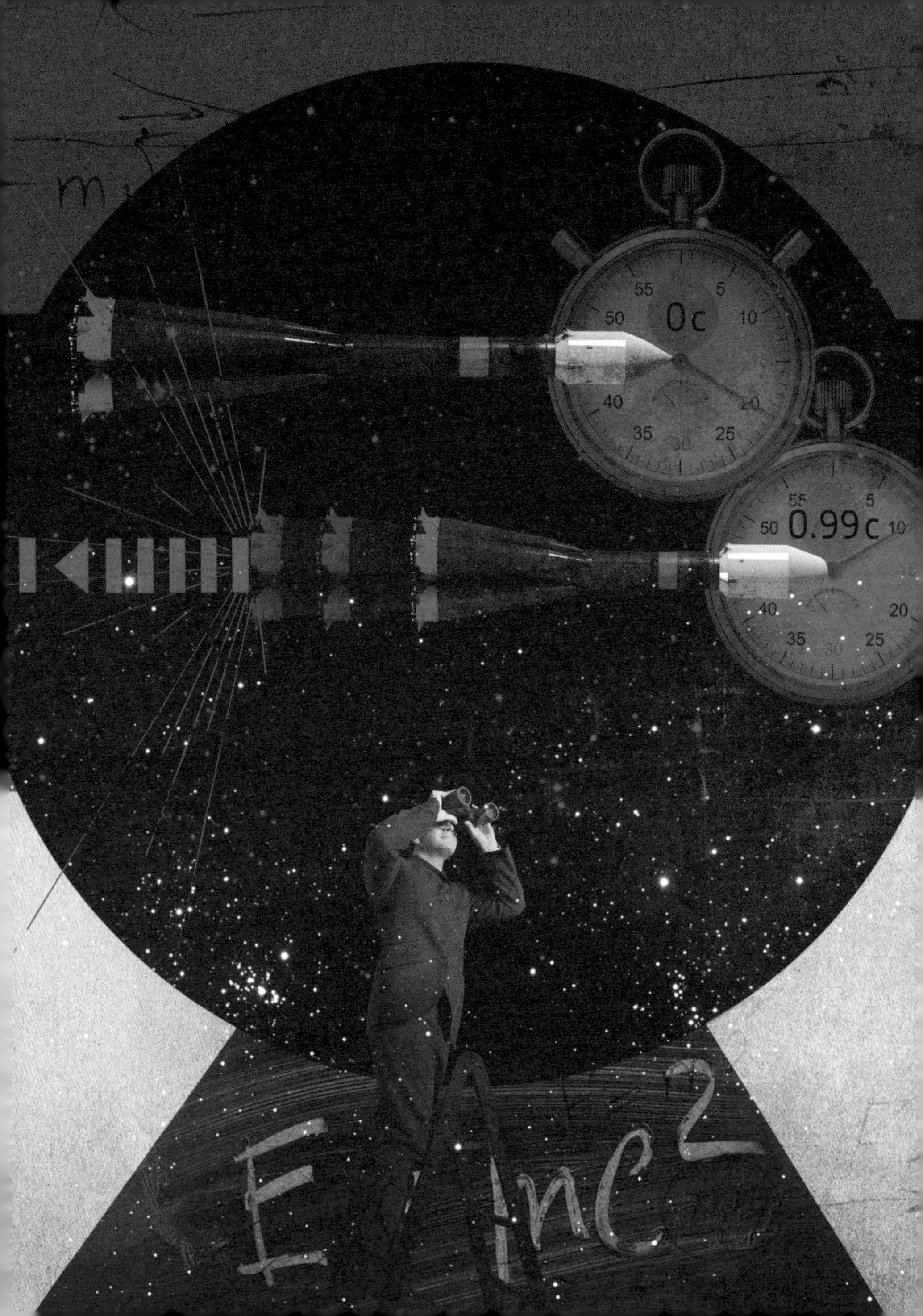
0c
0.99c

能量

能量
术语

键能 将粒子结合在一起所需的能量。在原子核中，键能是由强核力提供的。在光原子中，所需的键能随着原子核变大而减小，即当额外粒子被结合进原子核时能量被释放，这就是核聚变。当原子比铁原子重时，需要额外的能量将原子结合在一起。所以当原子分裂为较小的原子时，能量被释放，这就是核裂变。

化学键 将原子结合起来形成分子的键能。在化学反应中，如果反应前分子的总键能比反应后产物分子的总键能要大，该反应就会释放热量，这是大多数生物反应及燃烧的方式。在一些反应中，产物的分子比反应之前的分子具备更大的化学键能，结果就是反应因吸收能量而产生。

动量守恒 一些与外界宇宙没有联系的封闭系统的物理性质（如能量）是守恒的，也就是说保持常量。这些性质中的一个就是动量，在经典物理学中为物体的质量乘以其速度。在量子物理学中，动量是普朗克常量除以量子粒子的波长，适用于有质量的粒子，也适用于没有质量的粒子（如光子）。

分散力 不同分子里的原子间可能存在的电磁力中最弱的一种。形成原因是原子中的某些电子在某一侧数量多、略带负电，而在某一侧数量少、略带正点。

大统一理论 将四种基本力中的三种（即电磁力、强核力和弱核力）统一起来的物理理论。有一些理论试图包含重力（如“包罗万象”的弦理论），它们具有高度的推测性，尚未得出可供测试的预测。

原子间引力 分开的原子（或分开分子间的原子）间的电磁引力，如分散粒、范德瓦尔斯力和氢键。这些引力使得分开被联系起来的原子或分子难度增加，改变了物质的物理性质（如沸点提高）。

动能 物体因运动而具有动能。动能与物体的质量和其速度的平方成正比。速度增加一倍，动能增加三倍。

纳米级 物体和变化约在纳米级（十亿分之一米）的尺度发生，即纳米技术发生的尺度。

势能 由于系统状态而具备的能量。例如当物体被举升至一定高度并能下落时，就具有了重力势能。势能也可以是储藏在化学键中的能量。

功率 做功的快慢，即每秒消耗的能量。

质子 带正电的量子粒子，通常位于原子的原子核中。质子由三种基本粒子组成，即两种上夸克和一种下夸克。尽管因同性相斥，质子受到其他质子的排斥，但当质子距离很近时，将夸克组合在一起的强核力变得比电磁排斥力更强，从而让原子核变得稳定。原子中质子的数量决定了原子的元素种类，即元素的原子量就是原子含有的质子的数量。

矢量 具有数值和方向的物理量就是矢量。例如，速度是由速率（标量）和速率的方向组成的。

功和能量

30秒理论

3秒钟速览

能量是创造事物和改变事物的推动力，而功是能量从一个地方或一个形式向另一个地方或形式的转化。

3分钟思考

能量，或更确切地说质量或能量，在一个封闭系统中是守恒的，这就是热力学第一定律。这表明不能无中生功。尽管能量守恒最初是一种常识，但它是从随时间不变的封闭系统中得来的。量子物理学延伸了守恒的概念，允许质量或能量在短时间内存在。

能量是那些我们随口谈论却并不准确知道其含义的名词之一。狭义相对论指出，质量和能量是可互相转换的。但出于实用的目的，能量是让事物发生、产生改变的现象。能量是一种标量（仅为一个数值），不像力是一个矢量（有大小和方向）。能量的大小使用焦耳来度量，尽管能量旧的单位卡路里在食物能量表这种化学能量形式中仍被广泛应用（但让人感到疑惑不解的是，食物包装使用的“卡路里”代表千卡路里，但营养学家认为“千”这个部分会让公众迷惑）。尽管能量有很多不同来源，但让人感兴趣的原因却是能量可以做功。从本质上说，功是从一个地方或形式转变到另一个地方或形式的能量。所以，举例来说，当我们推动汽车沿着道路前进、使用身体的化学能来给予汽车动能（当爬山时化学能还要转化为势能），从物理学意义上讲，我们在做功。

相关主题

狭义相对论　100页
功率　108页
机器　120页

3秒钟人物

威廉·格罗夫
1811—1896
威尔士物理学家，首先提出不同形式能量的等效性

詹姆斯·焦耳
1818—1889
英国物理学家，提出了热和机械功之间的关系

埃米·诺特
1882—1935
德国数学家，证明了系统中的对称性与守恒定律的联系

本文作者

布莱恩·克莱格

向山上推动车辆，身体的化学能给车提供了动能和势能。

Nutrition Facts
Serving Size 1 cup (110g)
Servings Per Container About 6
Amount Per Serving
Calories 250
Total Fat 7g
Saturated Fat 3g
Trans Fat 0g
Cholesterol 4mg
Sodium 300mg
Total Carbohydrate 30g
Dietary Fiber 3g
Sugars 2g
Protein 5g
Vitamin A
Vitamin C
Calcium
Iron

功率

30秒理论

3秒钟速览

功率是做功快慢的度量，即每秒钟从能量源转移到能量目标的能量数量。

3分钟思考

某种燃料所含的能量与其所做功的区别决定了这种燃料的用途。例如，每公斤汽油比每公斤三硝基甲苯（TNT）炸药的能量多15倍，但TNT炸药可在更短的时间内释放能量。因为功率等于能量除以时间，所以TNT的功率更大，产生了爆炸效应。

物理学中所有在常用英语中被误用作术语的，“功率”可能是最深受其害的。通常功率被认为是“能量”的变体，是对某些事物或者人取得成果之程度的不精确描述。但在物理学中，功率特指做功的快慢。做功是能量的转换，功率是能量转换的快慢，无论是通过电线传播还是通过电机转换。功率由每秒钟的焦耳数量度量，简化为瓦特（电力公司喜欢的度量单位是千瓦时，1千瓦时等于360万焦耳）。在力学中，被转换的能量等于力乘以在该力作用下物体移动的距离。因此，功率等于力乘以距离除以时间。又由于距离除以时间等于速度，于是功率等于力乘以速度。“1马力”最初是由詹姆斯·瓦特引入用于比较马力和蒸汽功率的单位，现在用于度量发动机的功率，约合0.75千瓦。通常使用的数据是“刹车马力”，是发动机标称的不载重的输出，明显比可用的功率要大。

相关主题

牛顿定律 92页

功和能量 106页

机器 120页

热机 128页

3秒钟人物

詹姆斯·瓦特
1736—1819
苏格兰工程师，功率的单位以其名命名

迈克尔·法拉第
1791—1867
英国科学家，为电动机奠定了基础

卡尔·奔驰
1844—1929
德国工程师，应当是首先将内燃机用于汽车的人

本文作者

布莱恩·克莱格

“马力”是计量功率的常用单位（1马力约等于735瓦特），该单位以蒸汽机的先驱詹姆斯·瓦特的名字命名。

动能

30秒理论

3秒钟速览

动能是运动的能量，物体移动的速度越快，所拥有的动能越大。

3分钟思考

在原子水平，动能与物体的温度有关。物体的温度越高，其原子或分子运动的速度越快。在绝对零度，所有运动都会停止，但因这可能违反海森堡的不确定性原理（不能同时精确知道物体的位置和动量），因此达到绝对零度是不可能的。但科学家已经将物体冷却至离绝对零度仅千分之一度的范围内。

动能是物体因其运动而具有的能量。所有运动的物体都有动能，包括如行星和恒星的大物体和如分子和原子的微小物体。物体的动能取决于其质量和速度的平方。如果我们将物体的质量增加一倍，保持其速度不变，其动能会增加一倍；如果我们保持物体质量不变，而将其速度增加一倍，则其动能将会增加三倍。因此，以65km/h的速度行驶的车辆，其动能大概是以50km/h的速度行驶的车辆的约两倍。这就是在城市建成区让车辆减速非常重要的原因之一。能量通常从一种物质或形态转变为另一种物质或形态，所以当物体动能增加时，增加的动能必定有其来源。例如在汽车里，汽油在气缸中燃烧，转化成活塞的动能，从而推动汽车前进。当踩刹车减速时，汽车动能的损失主要转化为刹车片和制动盘接触产生的热量。

相关主题

不确定性原理 52页
功和能量 106页
势能 112页

3秒钟人物

威廉·斯格拉维桑德
1688—1742
荷兰物理学家，提出动能取决于物体速度的平方

威廉·汤姆森
1824—1907
北爱尔兰物理学家，提出了“动能”这一术语

路德维格·玻尔兹曼
1844—1906
奥地利物理学家，与詹姆斯·克拉克·麦克斯韦一起提出了气体的动量理论

本文作者

罗德里·埃文斯

分子运动在绝对零度时停止。但事实上这种状态不可能达到。

势能

30秒理论

3秒钟速览

势能是物体由于其位置或化学、物理结构而具有的能量。

3分钟思考

原子核具有核势能。原子核结构或成分的变化导致能量以核辐射或热和光的形式释放。每千克以原子核形式存在的能量比以化学能形式存在的能量要大得多。

势能是为物体所拥有、因其位置或内部特性而存储着的能量。势能的种类有很多，如化学势能、泉水的势能和重力势能。电池具有化学势能，当接入电路时可被转化为电能。位于建筑物最高处的物体有重力势能，若物体降落至地面会转化为动能。当物体下落时，速度加快，动能增加。动能的增加等于重力势能的减少。当给钟表上弦的时候，能量就储藏在发条中，然后发条缓缓释放能量，推动钟表的机械部分移动钟表的指针。钟表在重力势能和动能间来回转化。钟摆的动能在其摆动的尽头为零，势能达到最大，而在摆动到中部位置时，动能最大而重力势能最低。

相关主题

功和能量 106页
动能 110页
核能 116页

3秒钟人物

亚历桑德罗·伏特
1745—1827
意大利物理学家，发明了电池

威廉·约翰·麦夸恩·兰金
1820—1872
英国工程师，在物理学中引入了势能的概念

本文作者

罗德里·埃文斯

随着摆动，钟摆重复进行势能和动能的转化。

PE=max
PE=max
KE=max

化学能

30秒理论

化学能为我们的世界提供了能量。煤和天然气发电站及汽车内部的内燃机都依赖燃烧释放能量。这是燃料中（如木材、煤炭、天然气、汽油或石油）的碳氢原子与大气中的氧气分子发生的化学反应。这种化学反应的产物包括二氧化碳气体、水蒸气和表现为光和热的能量。化学反应破坏或建立原子间的联结而释放能量。碳氢化合物分子中的碳原子和氢原子之间的键能和构成氧气的氧原子之间的键能要大于水分子和二氧化碳分子中这些原子之间的化学键能。化学键能的差值在燃烧时以热和光的形式释放。涉及大量化学物质的其他各种化学反应也是可能的，一些反应释放化学能，一些则吸收化学能，在炸弹、子弹和烟火中使用的爆炸物快速释放化学能，植物从阳光中吸收能量，将吸收的能量贮藏在化学键中，为二氧化碳和水转化成复杂生命分子提供能量。

3秒钟速览

化学反应中因生成或破坏原子间的化学键而释放或吸收化学能。这些化学键储藏能量，它们是由将原子组合成分子的电子所组成的。

3分钟思考

人类靠化学能生存。我们吃的食物含有碳水化合物、脂肪和蛋白质，是含碳原子和氢原子的复杂分子。构成这些食物的分子含有蕴藏在其组成原子中的化学键中。化学反应中释放的能量发生在我们身体的细胞中。这些化学反应称为呼吸作用，为肌肉运动、大脑工作和维持新陈代谢提供能量。

相关主题

功和能量 106页

动能 110页

3秒钟人物

安东尼·拉瓦锡

1743—1794

法国化学家，认识到燃烧是一种需要氧气的化学反应

约西亚·威拉德·吉布斯

1839—1903

美国物理学家，发现储藏在化学物质中的能量是化学反应能量的来源

吉尔伯特·牛顿·路易斯

1875—1946

美国化学家，其电子键能理论有助于人们对化学能的理解

本文作者

利昂·克利福德

燃料发生化学反应，碳氢化合物与氧气结合，产物是热、光、水蒸气和二氧化碳。

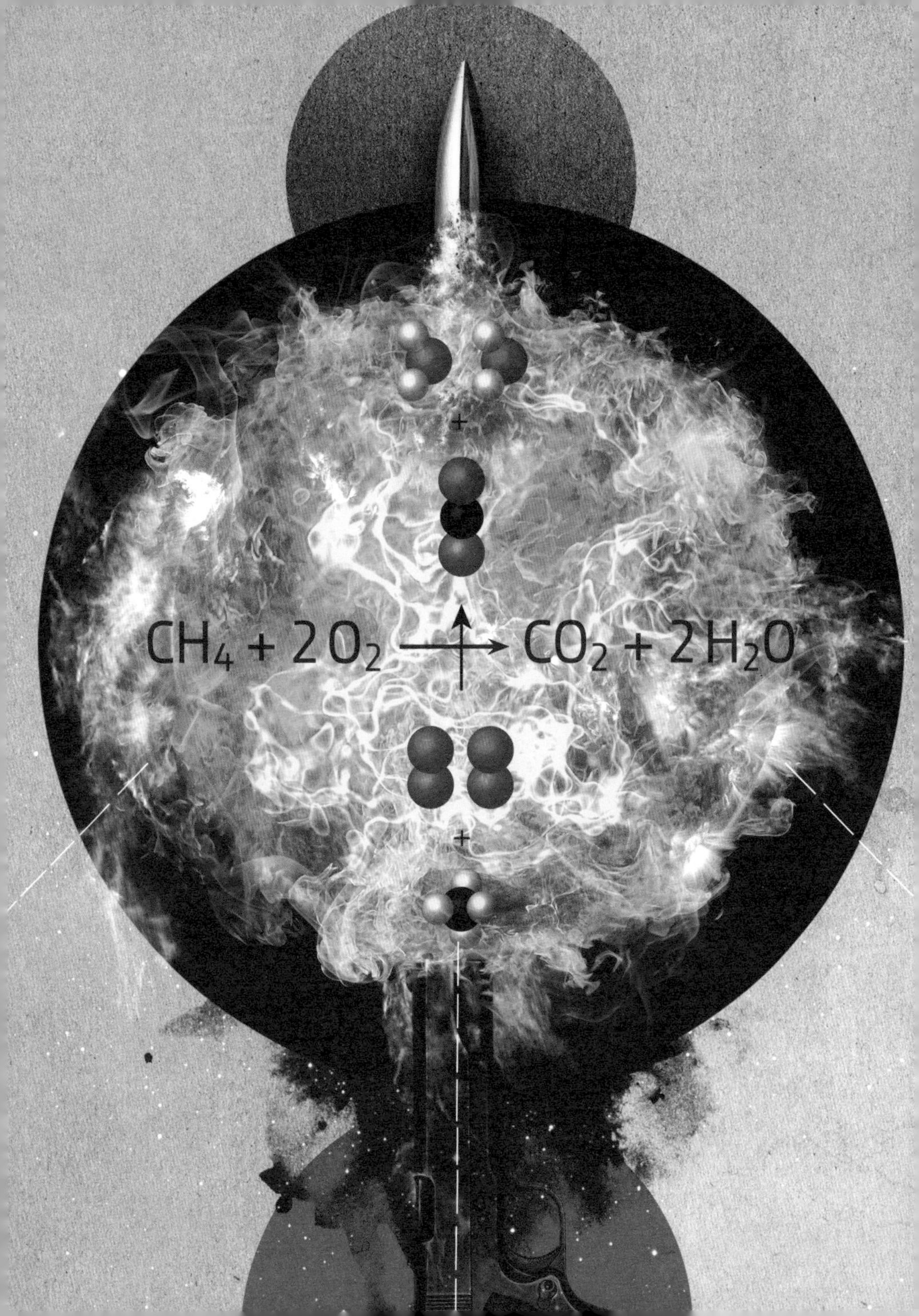
$CH_4 + 2O_2 \rightarrow CO_2 + 2H_2O$

核能

30秒理论

核能为太阳和行星提供了能量，温暖了地球的内部。它是从原子核心的原子核释放出来的。除了氢原子核仅含有一个质子，原子核都是由质子和中子构成的。原子比氢原子重的元素具有一个以上的质子，这些带正电荷的粒子互相排斥。这种排斥力不及将质子和中子结合在一起的力，而与这种结合力相关的能量则存储在原子核中。这种被储藏的结合力的大小，取决于原子核的大小。当较轻元素的原子核在核聚变反应中结合（见于行星和氢弹）时，有一些结合力被释放，因为不是所有结合力都被新形成的较大原子核需要。然而，对于原子比铁原子大的元素（如铀），情况则不同。当元素裂解而非聚合时释放出能量，这被称为核裂变，见于核反应堆和温暖地球内部的放射性衰变中。聚变和裂变都从原子核中释放出多余的结合力，这就是核能的来源。

3秒钟速览

比铁原子轻的原子核聚合或比铁原子重的原子核裂解时，原子能被释放。

3分钟思考

我们是核聚变的产物。碳、氧气及所有组成我们身体的微量元素都是在数十亿年前大型行星核心爆炸时的核反应堆中形成的。氢原子核聚变的一个结果，就是从氢元素开始，逐渐制造出更重的元素，如铍、锂、碳、氮、氧等。

相关主题

强核力　78页
功和能量　106页
动能　110页

3秒钟人物

阿尔伯特·爱因斯坦
1879—1955
德国出生的物理学家，他的公式$E=mc^2$计算了从核反应中释放的能量

亚瑟·爱丁顿
1882—1944
英国天文学家，他提出核聚变是恒星的存在机制

本文作者

利昂·克利福德

核裂变中，铀235获得一个中子，然后铀236裂解为氪元素和钯元素，并释放出能量。

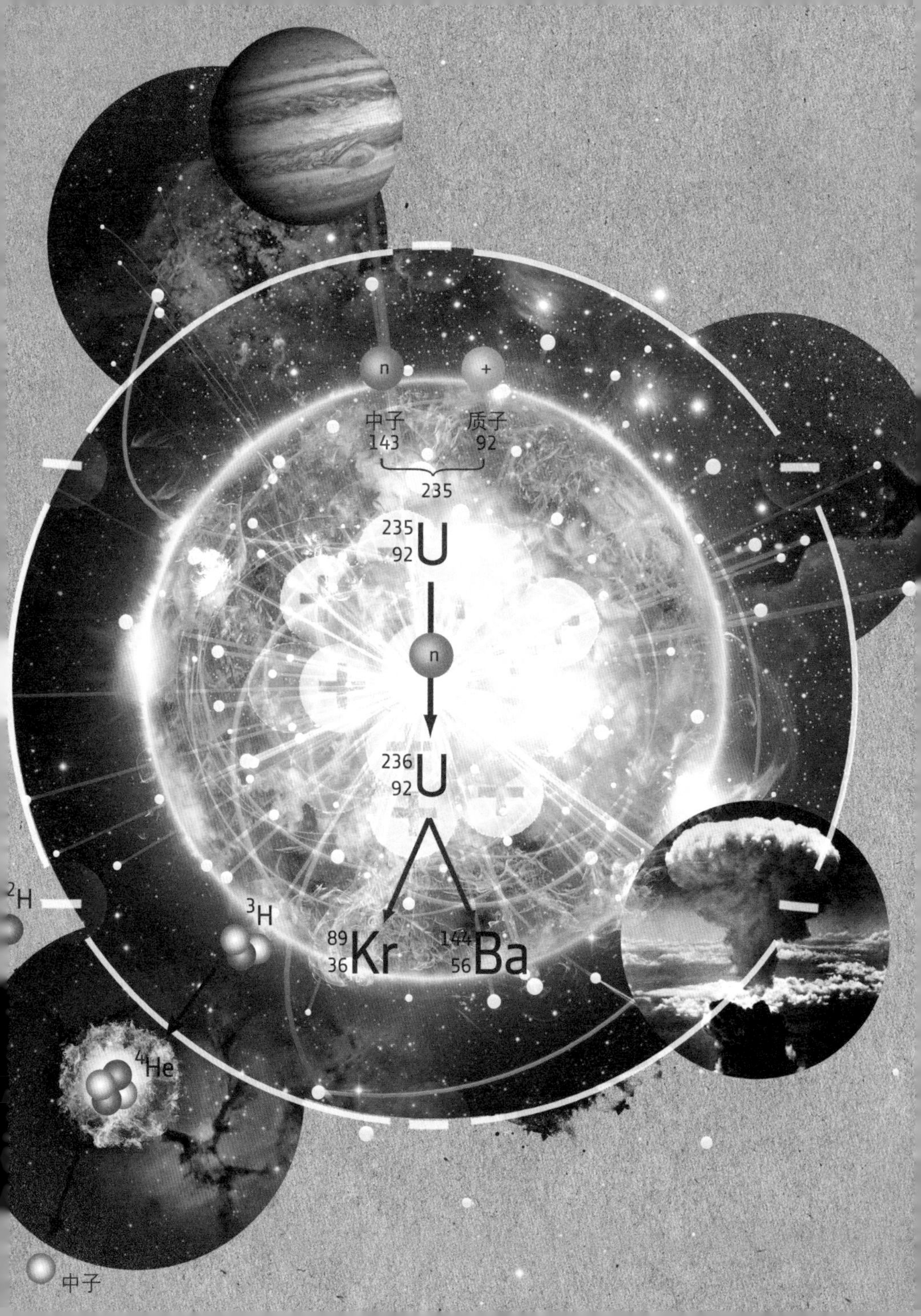

n
+
中子
143
质子
92
235
235
92U
n
236
92U
89
36Kr
144
56Ba
2H
3H
4He
中子

1871年8月30日

出生于新西兰斯布林格罗夫（现布莱特沃特）

1886年

获得著名的尼尔森学院中学奖学金

1892年

获得位于坎特伯雷的克赖斯特彻奇学院的学士学位

1893年

获得物理学一等荣誉硕士学位

1894年

获得“1851年展览奖学金”，进入剑桥大学学习

1898年

获任加拿大麦吉尔大学教授

1898年—1903年

在核辐射方面开展了重要的工作，发现了阿尔法衰变和贝塔衰变，将第三种衰变命名为“伽马衰变”

1908年

获任英国曼彻斯特大学教授

1908年

获得诺贝尔化学奖

1911年

发现原子核

1917年

用阿尔法粒子轰击氮原子，将氮气转化为氧气。在原子核中发现了带正电的粒子

1919年

回到剑桥大学，成为卡文迪许实验室主任

1920年

将原子核中带正电的粒子命名为质子

1937年10月19日

在剑桥去世

人物传略：欧内斯特·卢瑟福

ERNEST RUTHERFORD

卢瑟福1871年出生在新西兰的移民家庭，父亲是来自苏格兰的农民，母亲是来自英格兰的学校教师。卢瑟福早在儿童时期就展现了卓越了学术能力。15岁时，他获得奖学金，进入了著名的尼尔森学院中学，在入学考试中获得了有记录以来的最高分。1893年，他在坎特伯利的克莱斯特彻奇学院获得了文学学士学位和一等荣誉硕士学位，次年他以获得“1851年展览奖学金”的唯一一名新西兰学生的身份进入英国的剑桥大学。

在剑桥大学，他受到约瑟夫·约翰·汤姆森的影响，后者于1897年发现了电子。在对电磁辐射的感光检测器进行了开创性工作之后，卢瑟福决定将研究转向核辐射现象。亨利·贝克勒尔于1896年偶然发现了核辐射现象。卢瑟福很快发现核辐射比最初想象得还要复杂，并能够区分阿尔法射线和贝塔射线。几年以后，他将第三种核辐射衰变命名为“伽马射线”。在剑桥大学待了四年后，卢瑟福获得了加拿大蒙特利尔麦吉尔大学的教授职位。在麦吉尔大学期间，他发现了核辐射半衰期现象。他在核辐射方面的成就让他获得了1908年诺贝尔化学奖，获奖原因是“对元素裂解和辐射性物质的化学性质的研究”。

1908年卢瑟福回到英国，并在曼彻斯特大学获得了教授职位。就是在这里，他获得了自己最著名的发现。1911年他与汉斯·盖格和欧内斯特·马斯登合作，用阿尔法粒子轰击金箔。完全没有想到的是，一些粒子弹了回来，表明原子有密度大、重量大的原子核。这项团队工作的成就充分体现了卢瑟福爱社交的特点。他促使物理学从过去主要是个人研究转变为集体研究。

1917年，卢瑟福用阿尔法粒子轰击氮气，发现氮气转变成了氧气，这是首次用人工方法将一种元素转变成另一种元素。两年以后，他接棒汤姆森成为卡文迪许实验室的主任。1931年，他因成为英国贵族成员而成为英国科学界的老年政治家。1937年，卢瑟福在剑桥去世。

罗德里·埃文斯

机器

30秒理论

3秒钟速览

机器是使用能量开展工作的设施。机器常常将能量转换为不同的形式。

3分钟思考

不是所有的机器都是人类的发明。例如，生物学家通常认为活细胞是分子机器的集合，因为分子和结构（如蛋白质）执行对生命至关重要的任务，有时候与大型人造机器影响的反应类似，如机械运动（线性的和旋转的）、信号感知甚至逻辑处理。纳米技术专家希望从这些自然的例子中学习，以合成纳米级机器。

如果没有机器，人类将会怎样？机器为人类耕地、洗衣服、带着人兜风并存储人们的信息。简单地说，机器是执行任务的设备，或者更应该说是执行有用任务的设备。通常，一种机器通过转化能量来执行任务。水车将流水的动能转化为机械能研磨谷物，水泵将机械能或电能转化为被泵到山上之水的势能。最简单的设备可能仅仅传递力，例如一个楔子或杠杆；最高级的机器标榜具有智力。借由计算机科学家所说的“机器学习”，计算机从让它们进行预测或决定的信息中进行归纳学习。多数早期的机器有着运动的部件，但在电子机器中，运动常限于携带用电流编码的信号和信息。所有机器都利用其接收到的能量来做有用的功，所以没有机器在效率方面是完美的。一些能量不可避免地成为热被散失掉，这是热力学第二定律的需要。热力学本身是机械化时代的理论发展，而机械化时代越来越多地需要通过对机器运转的类比来了解生命和人体。

相关主题

力和加速度　66页

热机　128页

热力学第二定律　138页

3秒钟人物

阿基米德
前287—前212
古希腊科学家，他对多种机器进行了描述

朱利安·奥弗雷·拉·美特利
1709—1751
法国物理学家，将人视为机器

诺伯特·维纳
1894—1964
美国数学家，发展了控制论

本文作者

菲利普·波尔

从古代的水车到现代的计算机处理器，机械通过做功来转化能量。

CPU

热力学

热力学
术语

绝对零度　温度结合了对物质中原子或分子能量的度量和对原子中电子势能的度量（电子可通过吸收能量跃迁到更高的能量水平，即能量更高的轨道）。绝对零度下物质中的原子没有动能，所有的原子都处在最低的能量水平，电子处在能量最低的轨道上。绝对零度等于-273.15℃。

热力学第一定律　封闭系统（不能与周围宇宙相互作用的系统）中的能量是守恒的。能量可从一种形式/位置转变到另一种形式/位置，但系统中的总能量保持不变。如果系统不是封闭的，则能量发生的改变等于系统被做的功或系统对外做的功，并包括系统接收或释放的热量。

动能　物体因运动而具有的能量。动能与物体的质量及速度的平方成正比。速度增加一倍则动能增加三倍。

低能状态　原子因运动具有动能，因电子的位置而具有势能。原子通常以吸收光子的形式吸收能量，电子可被推至能量更高的轨道，让原子具有额外的势能。当原子处于低能状态时，所有电子均位于能量最低的轨道，原子几乎不动。

势能　储存于一个系统内的能量。例如，当物体被举升至高处并能下落时，便具有了重力势能。势能还可被存储在化学键中。

量子　人们发现光有时候表现出类似不连续物体的集合的特性，所以量子最早被用于描述光的分组或颗粒。这个术语现在是指所有小到遵守量子力学的物体。

量子波动 量子理论的一个关键原理就是不确定性。量子波动描述了量子颗粒或系统不能同时被精确知道的共轭的物理量，如位置和动量。对一个物理量了解越精确，则对另一个物理量的了解就越不精确。另一种共轭的物理量是能量和时间。如果在非常短的时间框架内（时间被非常精确地知道）观察量子系统时，系统的能量水平会发生明显的变化。不可能物体中所有的原子都停止运动、并处在最低的势能水平，这意味着短时间内能量发生了明显变化，这就是量子波动。

热力学第二定律 在一个封闭系统（不能同周围宇宙发生相互作用的系统）中，热从温度较高处移动到温度较低处。另一种理解热力学第二定律的方式是熵（系统无序的程度）。封闭系统中，熵保持不变或增加。熵可能会随机减小，因为这是一个统计法则，但熵减小得越多，这种情况越不可能发生。如果能量可在系统中流动，则熵可能会减小。

热力学 从字面上理解是热的运动。热力学是蒸汽时代的产物，用来理解蒸汽机的工作。热力学主要关注能量守恒和能量以热的形式从一个地方流动到另一个地方。

热力学第三定律 绝对零度是不可能达到的。

热力学第零定律 如果两个物体接触，则热可在它们之间传递，当处于平衡状态（温度相同）时，没有热在两个物体间流动。

热

30秒理论

“感觉到热”这个短语反映了人们直觉上对热作为一种能量的理解。但热这个字的意思有些微妙，尽管热似乎是某种流体，且过去人们也是这么说的，说物体的温度很常见，但事实上严格来说热是运动的能量，从一个物体（温度更高的物体）传递到另一个物体（温度更低的物体）。感觉某物体热是因为它将能量即热传到人们的指尖。这种热能存在于构成物质的原子和分子的运动中，且物质温度越高，其原子的振动、滚动和快速移动就越剧烈。热能可通过直接接触或原子碰撞从一个物体传到另一个物体，例如热可沿着铁棒传播，当日光（可见光谱内、外）通过空间时，电磁辐射的传播温暖了地球。通常来说，两个物体间的热传播造成物体温度的变化，但是热传播也可以不造成温度上升，例如，当处于冰点的冰融化成同温度的水时，温度并不上升，这种热传播被称为潜热。

3秒钟速览

热是两个物体间的能量转移，因组成颗粒的运动而产生。

3分钟思考

经典物理学的一个长期问题是来自温暖物体的热辐射。在这个问题上的探索导致19世纪末量子理论的发端。辐射的光谱只能在一种假设条件下被理解，即物体原子的振动是量子化的，在某些频率振动而在其他频率不振动。这种振动的量子化后来被用来表述所有种类的能量。

相关主题

动能 110页
温度 130页
热力学第二定律 138页

3秒钟人物

约翰·丁达尔
1820—1893
英国物理学家，将热解释为原子的运动

赫尔曼·冯·亥姆霍兹
1821—1894
德国物理学家，将热传播解释为微观机械运动

本文作者

菲利普·波尔

电磁辐射通过空间传播将来自太阳的热能传播给地球。

热机

30秒理论

3秒钟速览

热机将热转化为功，利用温度较高的物体到温度较低的物体之间热的流动来做有用的工作。

3分钟思考

热机可被用来让能量以相反的方向运动。能量源（如电）可被用于生热或让热在一种其本不可能移动的方向移动，因此这项工作导致了温度的不同。这就是电冰箱工作的原理，即电冰箱就是所谓的热泵。

工业革命是由热机推动的。机械能长久以来都是通过风车和水车获得的，蒸汽机的发明提供了一种将通过燃烧燃料获得蒸汽并推动活塞转化为机械运动的方式。类似这样的设备被称为热机，热机捕获部分以热的形式释放、从温度较高物体转移至温度较低物体的能量，并利用这些能量来做有益的工作。从高处下落的水，其势能转化为旋转水车的动能，与之类似的是热机中热的转移可提升重物、转动轮机或推动车辆前进。在运输行业，蒸汽机大多被内燃机所取代，蒸汽机和内燃机都利用了气体受热膨胀的原理。受热气体的运动也是蒸汽涡轮机的基础。蒸汽作用在涡轮机的叶片上，让涡轮机旋转，可用于发电。其他的热机则可将热直接转化为电，而无需中间的机械运动，这就是热传导发电机的工作原理。热机以热循环的形式工作，热循环将热机中温度和压力变化时的热和功的传导联系起来。

相关主题

功和能量 106页

机器 120页

热 126页

3秒钟人物

托马斯·纽科门

1664—1729

英国发明家，第一台真正蒸汽机的发明人

罗伯特·斯特林

1790—1878

英国发明家，设计了利用空气压缩和空气扩张的热机

尼古拉·莱昂纳多·萨迪·卡诺

1796—1832

法国工程师，开启了热力学定律的研究

本文作者

菲利普·波尔

蒸汽机、蒸汽涡轮机和内燃机，都是由气体受热扩张推动的。

温度

30秒理论

温度是一个日常概念，但可能比其初看起来要复杂。稍欠严谨地说，温度是对物质中热量的度量。但一些物质比其他物质更容易吸收热量，所以它们吸收更多的热量来提升其温度。更严谨的表达则是温度描述了定量的热输入改变组成物质的不同粒子构造的程度。温度与材料的熵有关。尽管存在这样的微小差异，但温度并不是一个很难掌握的概念，因为温度通常很容易测得，且温度与我们的冷热触觉吻合得非常完好，因为热的物体温度较高。此外，温度为物体之间的热流动提供了清晰的标准，即从温度高的物体流向温度低的物体。温度通常使用摄氏温标和华氏温标进行度量，但物理学家通常使用开氏温标，因为开氏零度发生在最低可能的温度上，即绝对零度（-273.15℃）对应零热量。在真实世界中不可能达到绝对零度，但科学家已将试验材料温度降低至低于一开氏度的十亿分之一。

3秒钟速览

温度是热的度量，或者更准确地说，是对输入的热改变物体熵快慢的度量。

3分钟思考

在开氏体系中，温度可以是负值，但这并不意味着处于这样温度的物体比绝对零度更冷。这些物体有可能非常热，以至于其熵是“饱和的”，增加热能会降低其熵而非增加其熵。一些负温度的系统处于热不平衡状态，因此高能量的状态比低能量的状态要多。激光就是一个例子。

相关主题

动能 110页

热 126页

热力学第零定律 134页

3秒钟人物

安德斯·摄尔修斯
1701—1744
瑞典天文学家，其摄氏温标基于水的冰点和沸点建立

威廉·汤姆森
1824—1907
北爱尔兰物理学家，首先确定了绝对零度的值

海克·卡末林·昂内斯
1853—1926
荷兰物理学家，因低温物理学获得诺贝尔物理学奖

本文作者

菲利普·波尔

人们不能在物理学家选定的温标上穿越（或达到）零度。

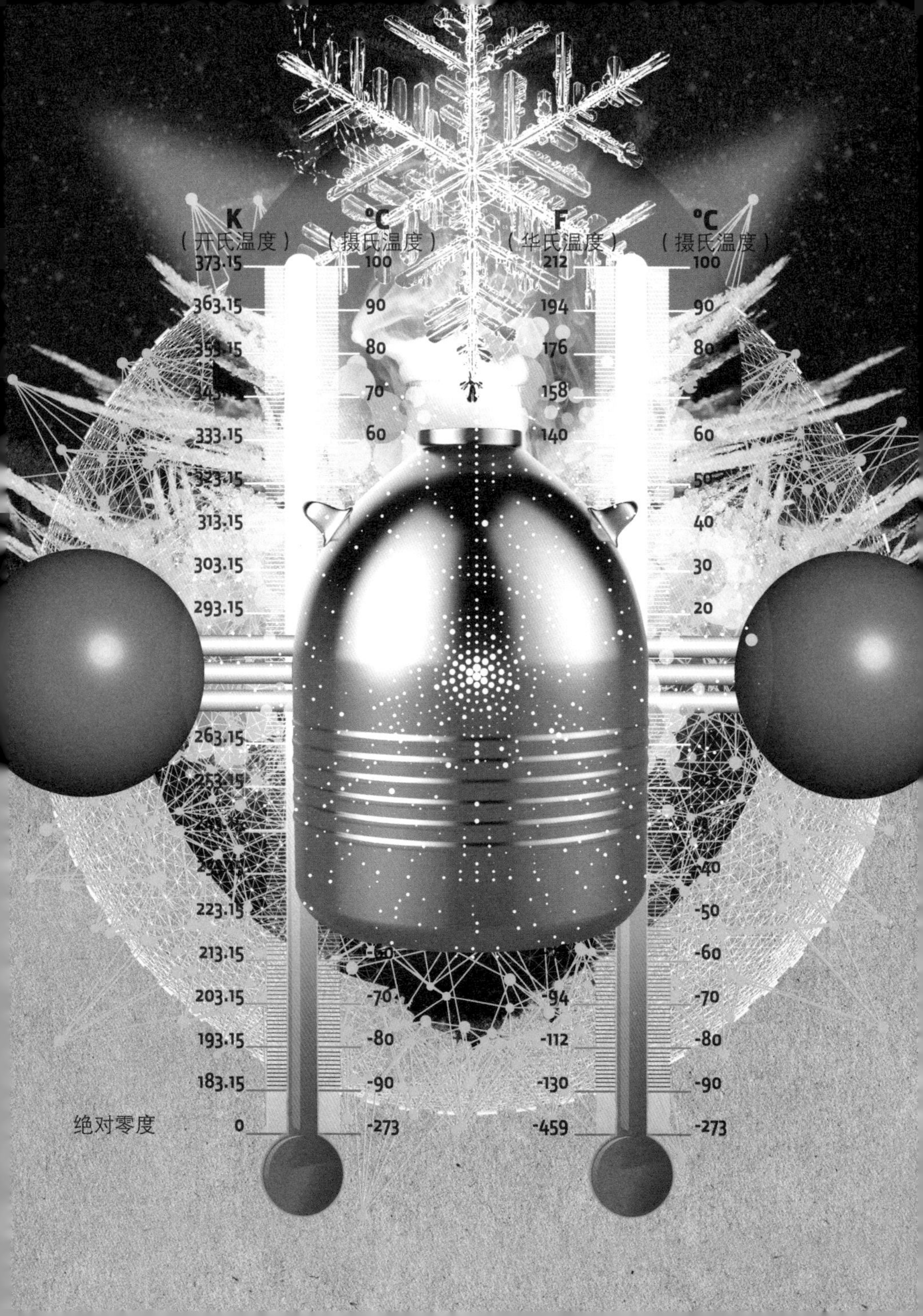
K
（开氏温度）
°C
（摄氏温度）
F
（华氏温度）
°C
（摄氏温度）
373.15
363.15
333.15
313.15
303.15
293.15
263.15
223.15
213.15
203.15
193.15
183.15
0
100
90
80
70
60
-70
-80
-90
-273
212
194
176
158
140
-94
-112
-130
-459
100
90
80
60
40
30
20
-40
-50
-60
-70
-80
-90
-273
绝对零度

1831年6月13日
出生于爱丁堡，后来移居到位于加洛韦的家族庄园

1839年
教他读书的母亲因癌症去世

1841年
移居到爱丁堡，与姨妈住在一起，就读于爱丁堡高中

1846年
15岁时，发表了第一篇科学论文

1847年
16岁时进入爱丁堡大学读书

1850年
19岁时前往剑桥大学，最初就读于彼得学院，第一学期结束后转学至三一学院

1854年
从剑桥大学毕业，获得剑桥大学数学专业本科第二名成绩，并成为史密斯奖（奖励原创型研究的著名奖项）获奖者之一。

1855年
被选为三一学院院士

1856年
父亲去世。被任命为阿伯丁马里斯查尔学院自然哲学教授

1858年
与马里斯查尔学院院长之女凯瑟琳·德瓦尔结婚

1860年
因阿伯丁大学马里斯查尔学院和国王学院合并而成为冗员

1860年
被任命为伦敦国王学院自然哲学教授

1861年
发表了世界上第一张彩色照片（苏格兰花格呢缎带的照片）

1865年
辞去国王学院的职位，回到位于加洛韦的家庭庄园生活

1871年
被任命为剑桥大学实验物理学教授，是卡文迪许实验室的首任主任

1873年
出版了关于电磁理论的著作《电磁通论》

1879年11月5日
在剑桥去世，被埋葬在家族庄园旁的教堂

人物传略：詹姆斯·克拉克·麦克斯韦

JAMES CLERK MAXWELL

詹姆斯·克拉克·麦克斯韦因其建立描述电磁理论数学关系式的贡献而闻名，我们现在把这些关系式称为“麦克斯韦方程”。但他的研究比这要宽泛得多。他对色彩理论做出了重要贡献，如果没有色彩理论，我们可能就没有今天电视机、计算机和移动设备的彩色显示。他还提出了气体中分子的速度分布（现在被称为“麦克斯韦—玻尔兹曼分布”），并从数学上指出土星的光环不是固态环。他拍摄了第一张彩色照片，在自己关于热理论的著作中，介绍了麦克斯韦妖（Maxwell’s Demon），引发了信息理论的出现。

麦克斯韦的父母是拥有地产的乡绅，在加洛韦拥有庄园。来到爱丁堡生下麦克斯韦后，他们回到了家族庄园，在那里麦克斯韦过着一种田园诗般的幼年生活，与当地孩子玩耍，接受母亲的家庭教育。但不幸的是，他年仅八岁时，母亲便因癌症去世。很快麦克斯韦被送至爱丁堡与姨妈生活，并在著名的爱丁堡高中就读。他在学术上极具天赋，15岁时便发表了自己关于椭圆曲线的第一篇科学论文。16岁时，他前往爱丁堡大学学习，想跟从他的父亲进入司法行业。

19岁时，麦克斯韦离开爱丁堡大学进入剑桥大学，四年后他在严苛的荣誉学位数学考试中取得第二名，获得“一等第二名”的称号。他在史密斯奖的竞赛中表现更为优异，获得了并列第一。次年，他成为三一学院的院士。24岁时，他获得阿伯丁大学马里斯查尔学院自然哲学的教授职位。但仅仅四年后，因马里斯查尔学院和国王学院合并组建阿伯丁大学，他成为冗员。并未气馁的他很快找到另一个职位，成为伦敦国王学院自然哲学的教授。他本可在这个职位上工作五年，但因感觉管理和教课工作占据了太多研究时间，便于1865年辞去了该职位。由于麦克斯韦自身资产颇丰，他回到位于加洛韦的家族庄园居住，自己支配时间从事研究工作。四年后，他被剑桥大学实验物理学首席教授的职位所吸引，重回大学生活，并受委任建立卡文迪许实验室。

麦克斯韦于1879年在剑桥去世。

罗德里·埃文斯

热力学第零定律

30秒理论

在热力学第一定律和第二定律已存在的条件下，需要做什么？还需要更基本的定律吗？物理学界认为“第一定律”是被随意规定的开始，于是决定需要有第零定律。第零定律类似于数学中的公理，它通过对平衡下定义，为其他定律奠定了基础。第零定律认为，如果两个物体处于热平衡，尽管热能从一个物体流到另一个物体，但热流动不会发生。这就是说如果两个温度相同的物体互相接触，任何一个物体都不会对另一个物体的温度产生影响。但并不是说任何事情都不会发生。在实际情况中，当原子或分子间的碰撞将热量从一个物体传递至另一个物体时，能量常常在两个物体之间流动。但根据热力学第零定律，两个物体之间的净能量流动为零。这个定律的直接结果，就是如果物体A和物体B处于热平衡，物体B与物体C处于热平衡，则物体A和物体C也互相处于热平衡。这是该定律的常见表达。

3秒钟速览

热力学第零定律的内容是，处于热平衡状态的两个物体尽管互相接触，并没有净能量从一个物体转移到另一个物体。

3分钟思考

热力学第零定律可用来制造温度计。要让温度计工作，温度计须与其正测量的物质达到热力平衡。这就是传统的温度计需要一段时间达到热力平衡才能获得正确读数的原因。如果温度计和被测量的物质间没有净热量流动，只要是被正确校正的温度计，都将显示正确的温度。

相关主题

动能 110页
热 126页
温度 130页
热力学第一定律 136页

3秒钟人物

詹姆斯·克拉克·麦克斯韦
1831—1879
苏格兰物理学家，被认为提出了热力学第零定律的变体

康斯坦丁·卡拉西奥多里
1873—1950
德国出生的希腊裔数学家

拉尔夫·霍华德·福勒
1889—1944
英国物理学家，被认为提出了“热力学第零定律”这一名称

本文作者

布莱恩·克莱格

三位平衡，即A和B、B和C以及C和A都处于平衡中。

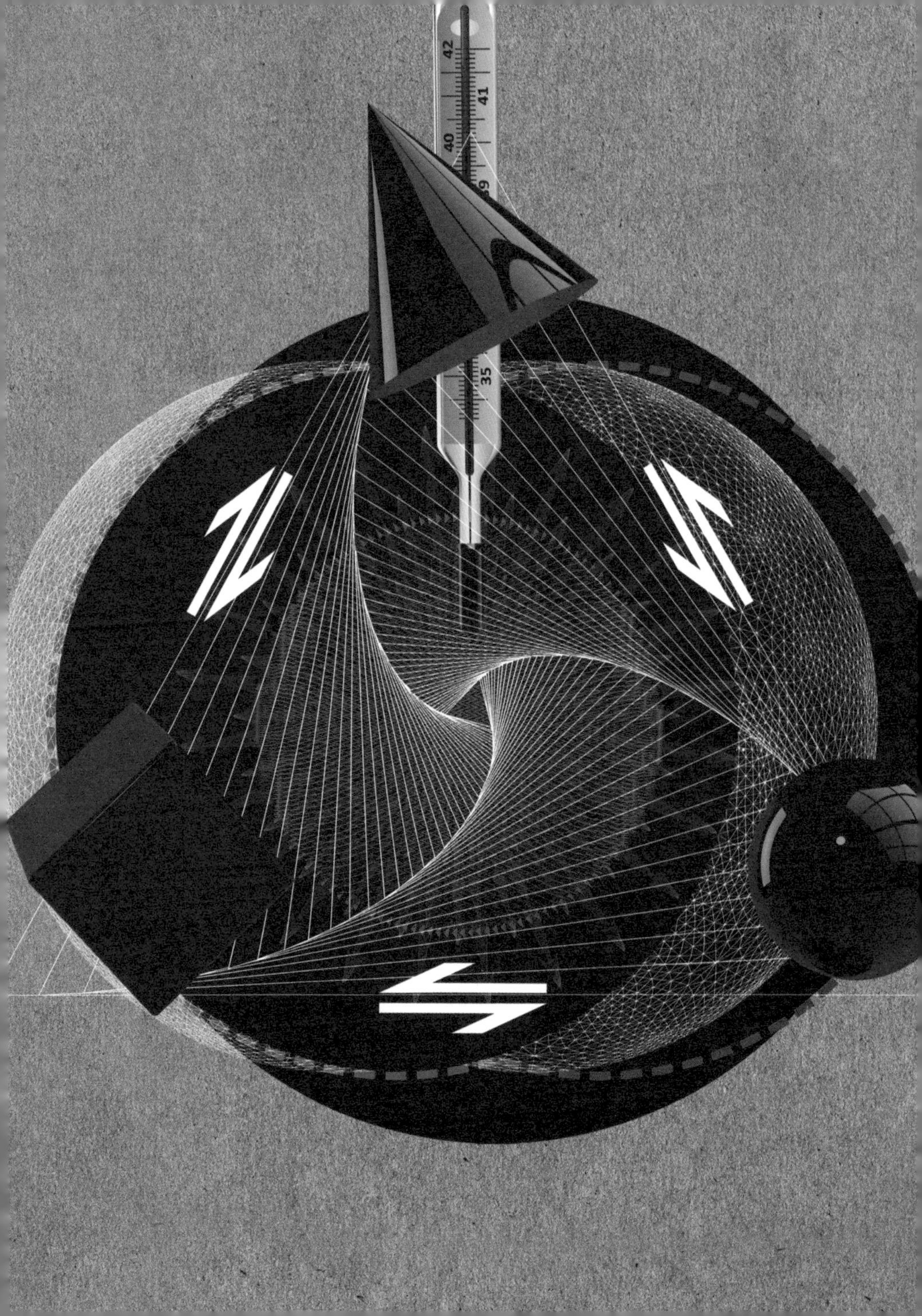
42
41
40
35

热力学第一定律

30秒理论

能量一直在转换不同的形式。太阳将核能转变为热和光，而在我们的身体里，化学能用于产生运动（动能）、热、新的化学物质和神经中的电脉冲。但所有这些能量的转换都保持着严格的记账制度，没有任何一丁点儿能量是不记账的。这种现象的原因就是热力学第一定律的内容，即能量是守恒的。能量可从一种形式转变为另一种形式，但在完全与周边环境隔绝的系统中，没有能量增加或减少。在这种情况下，宇宙的总能量是固定的。热力学第一定律为理解发动机和机器的能量流动提供了基础。正如19世纪中叶鲁道夫·克劳修斯所说，热力学第一定律表明，如果想要一台热机（如蒸汽机或内燃机）做功，那么就需要为热机供热。为了做更多的功，就需要更多的热，要一直提供燃料。热力学第一定律为所有热力学理论提供了基础。

3秒钟速览

热力学第一定律的内容是，在与外界封闭的系统中，能量通常是守恒的。能量可能改变形式，但不能被创造，也不能被消灭。

3分钟思考

热力学第一定律排除了永动机的可能性。因为永动机据说无须一直输入能量就能工作，实际上就是无中生有。但这从未阻止人们试图发明这样的机器，尽管美国专利和商标局有规定，拒绝为永动机颁发专利。

相关主题

热 126页
热机 128页
热力学第二定律 138页

3秒钟人物

威廉·约翰·麦夸恩·兰金
1820—1872
英国工程师，同鲁道夫·克劳修斯一起首先阐述了能量守恒

鲁道夫·克劳修斯
1822—1888
德国物理学家，提出了热力学第一定律的一个版本

马克斯·玻恩
1882—1970
德国物理学家，以精确的数学术语重写了热力学第一定律

本文作者

菲利普·波尔

克劳修斯认为热机需要燃烧燃料供给的热来做功。

热力学第二定律

30秒理论

这是热力学定律中最有趣的一个，因为它告诉我们事情是如何发生的。第二定律明确规定，在所有自然变化中，宇宙中总的熵是增加的（严格来说适用于不与外界进行热量交换的封闭系统的变化，宇宙即被假定是这样的封闭系统）。熵是系统无序性的一种度量，它是度量系统组成成分可以不同方式排列的数量，因此越无序的系统其熵越大。第二定律简单讲是概率的问题，高熵状态比低熵状态的数量多，更容易因变化过程而产生。当系统变小、熵状态数量变少，高熵状态出现的概率降低，这就是第二定律对可能发生的事情确定性较低的原因。一些科学家认为以能量散失或消散的方式来表达该定律更好，因为能量总是倾向于散失，正如热量总是从温度较高的物体转移到温度较低的物体。

3秒钟速览

热力学第二定律的内容是，任何封闭系统的总熵在变化过程中总是增加的，因为变化是最可能的。

3分钟思考

一些研究人员相信，第二定律定义了时间的箭头，即为什么时间只向前走。运动的基本原则在两种时间方向上都是起作用的，即两个相撞的台球的连续图景在逆序播放时也是有意义的。但熵只在一个方向增加，墨水滴落在水中不会再分离出来，打碎的花瓶不会再变完整。是否有更多时间之箭头的理由，以及如何解释我们对时间向前流动的感觉，仍然是被争论的问题。

相关主题

热力学第一定律
136页
热力学第三定律
140页

3秒钟人物

鲁道夫·克劳修斯
1822—1888
德国物理学家，引入了熵的概念

路德维希·玻尔兹曼
1844—1906
奥地利物理学家，用概率论解释了热力学第二定律

罗尔夫·兰道尔
1927—1999
德国出生的美国物理学家，将热力学第二定律和信息理论结合起来

本文作者

菲利普·波尔

当苹果腐烂并分解时，其熵增加，变得更加无序了。

热力学第三定律

30秒理论

尽管热力学早期定律本质上是蒸汽时代的产物，第三定律则更多是为量子时代而生。第三定律说不可能通过有限步骤让任何物体降温至绝对零度。温度是物质中原子或分子能量的度量。在绝对零度时，原子或分子的能量降至最低可能的水平，不管是动能还是原子中电子的能量水平。但在实际情况中，因为原子的量子特性，能量水平会自然波动，不可能达到绝对零度。另一种看第三定律的方式是随着物体的熵降低，温度接近绝对零度，因原子运动越来越少，能占据的能量态也越来越少，整个原子拥有的能量态（熵的一种定义）越来越少。即使不能知道量子波动，但减少原子的能量态只能分步进行的事实已从数学上决定了最终达到绝对零度是不可能的。

3秒钟速览

热力学第三定律的内容是，在绝对零度时，物体的熵是零，但不能通过有限步骤达到。

3分钟思考

尽管穿越绝对零度是不可能的，但理论上是可以从负绝对温度有所斩获的。温度是粒子动能分布的统计度量，当粒子分布扩展时，温度上升。从低于绝对零度的温度靠近绝对零度时，能量增加，熵变小。一些物理学家认为这不是真正的负绝对温度，但大多数物理学家接受这种看法。

相关主题

原子　4页
不确定性原理　52页
温度　130页
热力学第二定律
138页

3秒钟人物

瓦尔特·能斯特
1864—1941
德国物理学家，提出了热力学第三定律

沃尔夫冈·科特勒
1957—
德国物理学家，在磁系统中展示了负的绝对温度

本文作者

布莱恩·克莱格

物理学家们已经成功达到离绝对零度仅十亿分之一开氏度的范围。

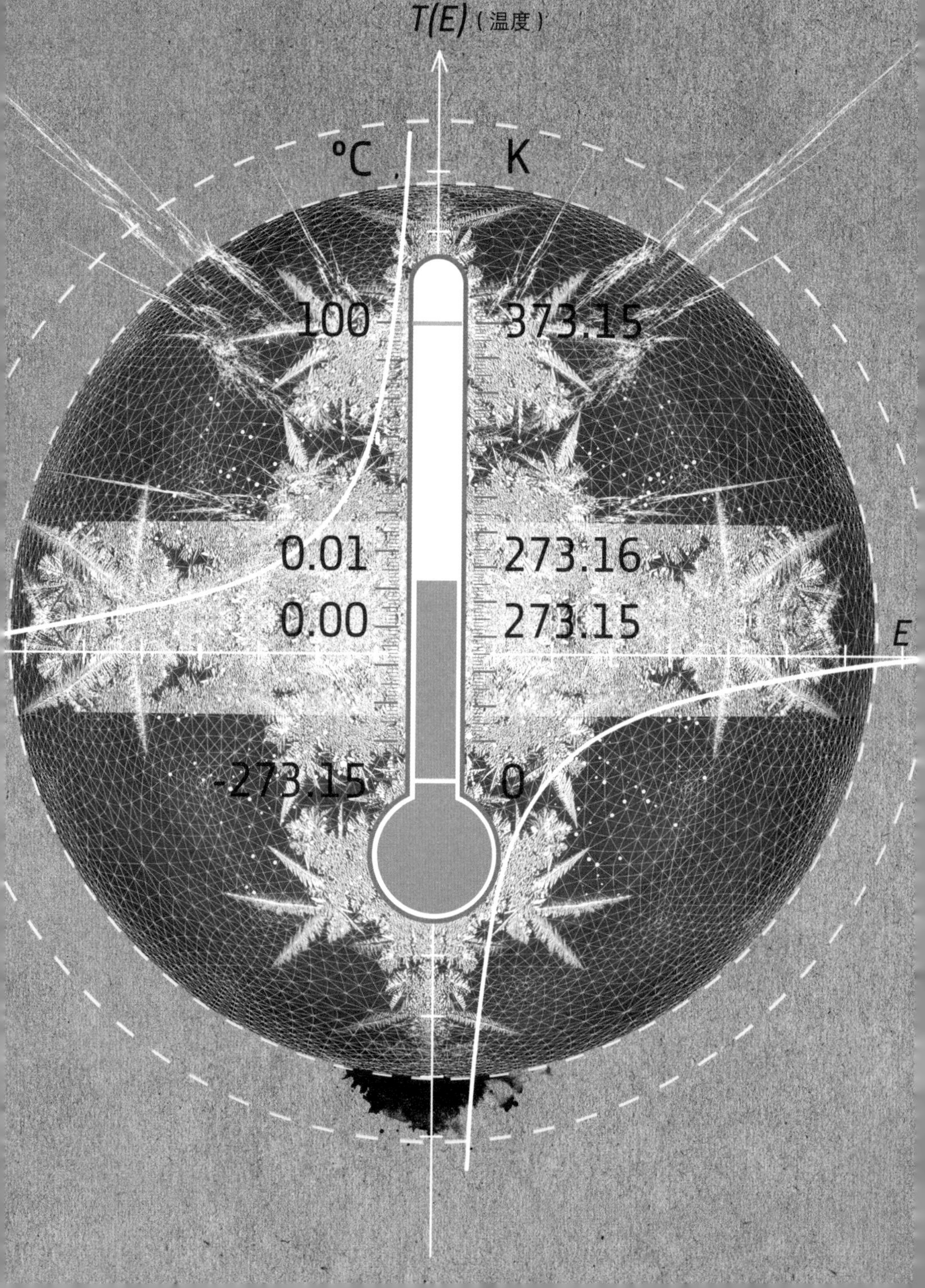

T(E)（温度）

°C K

100 373.15

0.01 273.16

0.00 273.15

-273.15 0

E